U0170932

弹载退化失效型产品
加速应力可靠性试验方法

周 源 袁胜智 王少蕾 著

中国宇航出版社
·北京·

图书在版编目（ＣＩＰ）数据

弹载退化失效型产品加速应力可靠性试验方法 / 周源，袁胜智，王少蕾著 . -- 北京：中国宇航出版社，2024.1

ISBN 978 - 7 - 5159 - 2313 - 0

Ⅰ . ①弹… 　Ⅱ . ①周… ②袁… ③王… 　Ⅲ . ①武器装备－可靠性试验－研究 　Ⅳ . ①TJ01

中国国家版本馆 CIP 数据核字(2023)第 218223 号

责任编辑　朱琳琳　　　封面设计　王晓武

出 版
发 行 **中国宇航出版社**

社　址　北京市阜成路 8 号　邮　编　100830
　　　　(010)68768548
网　址　www.caphbook.com
经　销　新华书店
发行部　(010)68767386　　(010)68371900
　　　　(010)68767382　　(010)88100613（传真）
零售店　读者服务部　　　　(010)68371105
承　印　北京中科印刷有限公司

版　次　2024 年 1 月第 1 版
　　　　2024 年 1 月第 1 次印刷
规　格　787×1092
开　本　1/16
印　张　7.75　彩　插　4 面
字　数　195 千字
书　号　ISBN 978 - 7 - 5159 - 2313 - 0
定　价　59.00 元

本书如有印装质量问题，可与发行部联系调换

前　言

　　导弹装备的可靠性高低直接影响部队的战斗力水平。可靠性试验是掌握、提升装备可靠性的重要途径。目前，军用装备可靠性试验普遍以获取装备的常应力失效时间数据为目标，导致可靠性试验时间长、费用高，难以适应当今装备更新换代加速的节奏，制约装备研制、定型、延寿等任务的效率。在这种背景下，加速应力可靠性试验技术作为一种能够有效缩短可靠性试验时间、提高可靠性试验效率的有效手段，越来越受到关注，成为当下既重要又具有挑战性的研究领域和方向之一。

　　本书面向弹载退化失效型产品可靠性试验的现实需求，对加速应力可靠性试验优化设计、可靠性评定、评估结果的验证三大研究方向存在的热点、难点问题进行了系统阐述，提出了若干具有工程实用价值的方法，初步形成了弹载退化失效型产品的加速应力可靠性试验技术框架，一定程度上成为传统可靠性试验技术的有益补充，希望能为读者提供一些研究和应用的重要参考。

　　全书共分6章，第1章介绍了本书内容的研究背景，分析了国内外研究现状和存在的主要问题，给出了解决思路；第2章主要阐述了弹载退化失效型产品的可靠性试验技术概况，对弹载退化失效型产品的主要类型、失效模式与失效机理以及加速应力可靠性试验关键问题进行了分析；第3章分别针对加速应力可靠性评定试验、加速应力可靠性验收试验给出了方案优化设计方法，讨论了以加速系数为核心构建方案优化模型的理论体系；第4章讨论了考虑退化增量耦合性的多元加速退化数据统计分析方法、考虑边缘生存函数耦合性的多元加速退化数据统计分析方法和基于多源数据融合的寿命预测方法；第5章针对目前的失效机理一致性验证方法在加速应力可靠性试验中适用性较差的问题，介绍了基于方差分析（Analysis of Variance，ANOVA）的失效机理一致性验证方法。

　　本书力图理论联系实际，既注重对弹载退化失效型产品加速应力试验技术领域的基本理论进行诠释，也注重对其试验方法及工程应用进行剖析，以开阔视野、启发思路。希望能为读者揭示这一新型试验技术的相关研究与工程应用前景，推动加速应力试验技术的进一步研究与工程应用的深入开展。但由于退化失效型产品的加速应力可靠性试验理论方法还不成熟，应用研究还比较欠缺，再加之作者个人水平有限，书中难免存在疏漏及不妥之处，敬请读者批评指正。

目　录

第1章 绪 论

导弹装备是我军最主要的对敌打击武器，型号多、保有量大，其可靠性高低直接影响军队的战斗力水平，因此，导弹装备的可靠性日益受到各方面的重视。装备的可靠性无法直接测量得出，可靠性试验是掌握装备可靠性水平的主要途径。目前，军用装备可靠性试验普遍以获取装备的常应力失效时间数据为目标，导致试验时间长、费用高，制约了装备研制、定型、延寿等任务的效率。当今社会，装备更新换代速度加快，如何提高装备的可靠性试验效率从而尽快形成战斗力、保持战斗力成为急需解决的课题。导弹装备中的很多元器件、部组件属于退化失效型产品，提高某些应力水平往往能够加快产品的性能退化速率，针对此特点本书研究了弹载失效型产品的加速应力可靠性试验技术。

1.1 研究背景及意义

导弹的作战使用效能不仅受性能水平的影响，而且与可靠性紧密相关。绝大多数导弹在发射或报废之前会经历相当长的贮存期，导弹中的一些元器件、部组件，例如橡胶密封件、加速度计、电连接器、继电器、雷达高频电路、惯导伺服机构、含能材料等，在长期贮存过程中不可避免地会发生性能退化，最终导致产品失效甚至引起灾难性安全事故，造成重大军事与经济损失[1, 2]。

为了保证导弹装备及其备件在长期贮存过程中具有较高的可靠性和安全性，需要在导弹的全寿命周期内做好可靠性工作[3, 4]。装备可靠性工作的核心是准确掌握、定量控制装备的可靠性水平，这需要获取充足的可靠性数据作为支撑。可靠性试验是获取装备可靠性数据，进而掌握装备可靠性指标的有效手段与主要途径[2, 3]。可靠性试验水平不仅影响装备研制、生产、部署等任务的进度快慢，而且决定着装备全寿命周期费用的高低。传统的可靠性试验技术只是模拟产品的正常服役环境，并且以获取失效时间数据为目的，存在试验时间长、试验效率低等不足。在这种背景下，加速应力可靠性试验技术作为一种能够有效缩短可靠性试验时间、提高可靠性试验效率的有效手段逐渐受到关注[5, 6]。加速应力可靠性试验是通过施加高于正常服役环境的应力水平加速产品的失效过程，从而能够在相对短的时间内高效率获取足够多的可靠性数据。对于退化失效型产品来说，加速应力可靠性试验中不需要产品失效即可根据性能退化数据外推出产品的可靠性测度，这可进一步提高试验效率。

研究弹载失效型产品加速应力可靠性试验技术，有以下三方面的具体作用与意义：

1）退化失效型产品开展可靠性试验的前提是要摸清产品的性能退化参数、了解退化机理并确定敏感环境应力，这有助于掌握产品失效的发生机理与表现规律，从而改进产品的可靠性设计、提升产品的可靠性水平。

2）随着材料科学的发展与制造工艺的进步，长寿命高可靠性的弹载产品越来越多，产品在研制、定型、生产、延寿等阶段需要多次开展各类可靠性试验，高效率的加速应力可靠性试验能够显著减少试验样本量、缩短试验时间、降低产品的全寿命周期费用。

3）当代装备的更新换代速度加快，然而研制阶段过长的可靠性试验时间成为缩短研制周期的瓶颈。加速应力可靠性试验的应用不仅能够缩短研制周期，使装备尽快部署到部队，形成战斗力，而且可以在装备进行延寿时发挥高效率优势，有利于保持战斗力。

综上所述，加速应力可靠性试验技术能够显著缩短试验时间、提高试验效率，在军事装备领域具有广泛的应用前景。然而，弹载退化失效型产品的加速应力可靠性试验技术在试验方案优化设计、加速退化数据建模与可靠性评定、评定结果的一致性验证等方面还有亟待解决的理论与技术难题。因此，本书既符合急切的工程与军事应用需求，又具有充足的理论与学术价值。

1.2　国内外研究现状

1.2.1　加速应力可靠性试验技术

新型号导弹装备中的高可靠性、长寿命弹载产品日益增多，对这些产品开展传统可靠性试验将耗费大量时间，导致产品研制周期较长。当今社会为科技爆炸时代，装备的更新换代速度在不断加快，如果一型装备从论证研制到交付部队的时间过长，很可能降低其战略战术价值，因此急需研究一种高效率的可靠性试验方法。此外，高效的可靠性试验对于降低装备的全寿命周期费用具有显著作用，在以上背景下，加速应力可靠性试验技术逐渐受到重视[7, 8]。

加速应力可靠性试验属于实验室模拟试验范畴，是在不改变产品原有失效模式与失效机理的前提下，通过高低温试验箱、多轴振动台、冲击疲劳试验机等设备提升某些环境应力水平，从而加快产品的失效过程[9-11]。根据试验目的与试验时机的不同，加速应力可靠性试验可分为可靠性增长试验、可靠性鉴定试验、环境适应性试验、环境应力筛选试验、可靠性验收试验、贮存延寿试验等类型[12]；根据应力施加次序与控制方式的不同，加速应力可靠性试验可分为恒定加速应力可靠性试验[13-16]、步进或步降加速应力可靠性试验[17-21]、序进加速应力可靠性试验等类型[22]；根据试验数据测量过程与统计分析方法的不同，加速应力可靠性试验主要分为加速寿命试验[23-27]、加速退化试验[28-33]两种类型。

加速应力可靠性试验的主要步骤为：试验对象分析、试验方案设计、试验实施与试验数据获取、试验数据统计分析与可靠性评定、试验结果一致性验证。目前，试验方案设计、试验数据统计分析与可靠性评定、试验结果一致性验证方面还存在较多难点，本书针对此三个方面的研究现状进行综述与分析。

1.2.2　加速应力可靠性试验的优化设计方法

绝大部分可靠性试验为抽样试验[34]，试验应该考虑的因素包括样本量、试验截止时间、测量次数、加速应力水平设置、样本量分配等，这些因素不仅决定了是否能达成试验目标，而且影响试验费用[35-37]。可靠性试验优化设计是在试验总费用和试验总时间的约束下，研究如何统筹安排各试验因素，以获得最优的评定精度。

1.2.2.1 加速寿命试验优化设计方法

加速寿命试验优化设计方法包含两个相关联的关键科学问题：首先是如何构建试验方案优化的数学模型，其次是如何高效解析数学模型并获取最优试验方案[38-40]。对于加速寿命试验，普遍以产品的寿命分布函数为基础构建试验方案优化模型，主要用到的分布函数包括 Weibull 分布[26, 27, 41-43]、Log - Normal 分布[44, 45]、Exponential 分布[46-48]、Extreme Value 分布[49]等。以寿命分布函数为基础，根据考虑试验因素的不同，又衍生出多个研究方向：1）考虑不同的加速试验数据截尾类型，例如定数截尾、定时截尾、随机截尾[50]，发展了相应的优化设计方法；2）考虑应力施加方式和应力数量的不同[51]，例如恒定应力、步进应力、步降应力、单应力、双应力等[21, 52]；3）考虑不同的优化目标函数与决策变量，常用的优化目标函数为常应力下中位寿命估计值的渐进方差、平均失效时间（Mean Time to Failure，MTTF）估计值的渐进方差、p 分位寿命估计值的渐进方差[38, 50]。近几年，考虑产品竞争失效情况下的试验方案优化模型构建方法成为加速寿命试验优化设计的研究热点，另一部分研究工作致力于研究自动化、智能化的试验方案寻优算法，如采用 BP 神经网络[39]、遗传算法[53]等确定最优试验方案。

陈文华等[54]针对某型高可靠性电连接器研究了温度、振动双应力加速寿命试验优化设计方法，在假定产品寿命服从 Weibull 分布的基础上，将最小化中位寿命估计值的渐进方差作为优化准则，将温度、振动双应力组合数量、加速应力值、每组应力下的测量次数作为决策变量，构建试验方案优化的数学模型。周洁等[55]针对某型电度表研究了温度、湿度双应力加速寿命试验优化设计方法，也将最小化常应力下中位寿命估计值的渐进方差作为优化准则，以均匀正交设计方法得到温度、湿度双应力组合从而建立试验方案优化的数学模型，采用遗传算法解析优化模型，确定最优试验方案应设置 5 组加速应力水平等信息。罗庚等[39]针对某型弹载加速度计研究了步降应力加速寿命试验的优化设计方法，对 p 分位寿命估计值的渐进方差与试验总费用两项指标进行加权融合，进而建立优化目标函数。

1.2.2.2 加速退化试验优化设计方法

加速退化试验优化设计方法以性能退化模型为基础开展试验方案优化设计研究，这是与加速寿命试验优化设计方法的主要区别。目前，绝大多数的加速退化试验优化设计方法都是采用 Wiener 退化模型、Gamma 退化模型或者 Inverse Gaussian 退化模型。加速退化试验优化设计需要解决以下三方面关键问题：1）准确建立产品的加速退化模型；2）合理设计优化准则并以此为核心构建试验方案优化数学模型；3）提出高效的寻优算法解析方案优化数学模型，得出最优试验方案[56-59]。

准确建立产品加速退化模型的前提是要了解性能退化模型的各参数随加速应力的变化规律，然而这恰恰是加速试验的难点问题。大多数研究工作只是根据主观意愿、工程经验对模型各参数随加速应力的变化规律做出假定，造成同一性能退化模型并存着不同甚至截然相反的假定[58-62]。Wiener 退化模型存在以下 2 种假定：文献［63 - 67］假定加速应力影响 Wiener 退化模型的漂移参数值但不影响扩散参数值；文献［68，69］假定加速应力同时影响漂移参数值与扩散参数值。Gamma 退化模型存在以下 3 种假定：文献［70，71］假定加速应力影响 Gamma 退化模型的形状参数值但不影响尺度参数值；与之相反，文献［72，73］假定加速应力影响尺度参数值但不影响形状参数值；此外，文献［32］假定加速应力同时影响尺度参数值与形状参数值。对于同一种性能退化模型，至多有一种假定可能正确，依据以上各种假定建立加速退化模型存在较大的风险。

在确定优化准则、构建方案优化的数学模型方面，目前大部分研究工作都将最小化常应力下 p 分位寿命估计值的渐进方差作为优化准则，将加速应力值以及各加速应力下的样本数量、测量间隔、测量次数等因素作为优化问题的决策变量，在最高允许试验费用的约束下构建试验方案优化的数学模型[68，74]。文献［75］将最大化模型参数估计值对应的 Fisher 信息矩阵行列式值作为优化准则（简称为 D 优化准则）。此外，文献［76］将最小化产品在常应力下 MTTF 估计值的渐进方差作为优化准则。对于 Wiener、Gamma、Inverse Gaussian 等退化模型，由于无法推导出常应力下 p 分位寿命表达式，只能基于 p 分位寿命的近似表达式进行试验方案优化设计，这很可能得出非最优的试验方案。

1.2.3 加速应力可靠性试验的可靠性评定方法

可靠性测度包括可靠度、可用度、失效率、MTTF、平均故障间隔时间（Mean Time Between Failure，MTBF）、可靠寿命、p 分位寿命等。可靠性评定主要是利用概率统计手段，通过对可靠性数据进行有效的统计分析，推断出可靠性测度的点估计及区间估计[77-79]。可靠性评定包括两方面关键内容：可靠性建模、参数估计。加速应力可靠性试验数据包括失效时间数据、一元性能退化数据、多元性能退化数据等，按照可靠性数据类型的不同，发展了对应的可靠性建模与评定方法。下面以试验数据类型为主线归纳总结可靠性评定方法的现状与发展趋势。

1.2.3.1 基于失效时间数据的可靠性评定方法

装备失效可分为突发失效和退化失效两类，最初的可靠性评定模型以失效时间数据为基础，不区分装备的突发失效与退化失效。此类寿命预测模型分为两种，一种是基于寿命分布函数的评定方法，例如利用 Weibull 分布、Log - Normal 分布、Exponential 分布、Normal 分布、Gamma 分布等拟合失效时间数据，从而建立产品的可靠性模型，推断出各种可靠性测度[80-84]；另一种是基于智能算法的评定方法，例如利用神经网络、支持向量机、粒子滤波、灰色理论等分析装备失效率/故障率随时间的变化规律，从而预测出失效率/故障率上升到指定阈值时的可靠性测度[85-87]。

由于装备的失效时间数据通常较少，并且大多为各种截尾数据，选择不同的参数估计方法得到的参数估计值往往并不一致，进而影响可靠性评定结果[81，88-90]。在这种情况下，应该优先选用无偏估计方法，如矩估计法、最佳线性无偏估计法、最小二乘估计法等[46，91-93]。

此类可靠性评定方法的主要问题表现为：1）只能预估装备的总体寿命指标，无法预测装备个体的剩余寿命；2）无法揭示装备失效的本质和特点，不能为装备的设计改进和可靠性增长提供有益信息；3）目前的很多高科技复杂失效装备可靠性高、量产少，由于缺少失效时间数据而不适用于此类可靠性评定方法。

1.2.3.2 基于一元退化数据的可靠性评定方法

随着失效物理分析技术的发展和测试测量手段的进步，获取产品的性能退化数据变得更为容易。不仅可以利用此类数据预测出产品退化失效的发生时间，为缺少失效时间数据情况下的可靠性评定提供一种有效手段，而且能够通过分析失效机理与失效过程确定出产品的薄弱环节、敏感环境应力等，为产品的设计改进、可靠性提高提供重要参考[94, 95]。如果产品失效是由于某个性能参数随时间不断退化导致的，可基于一元性能退化数据的统计分析推断出产品可靠性，其核心工作是合理建立性能退化模型、确定退化参数的失效阈值[96-99]。经过近 30 年的发展，性能退化建模方法已经发展了基于失效物理分析[24, 100]、基于退化轨迹拟合[101, 102]、基于退化量分布[103, 104]等若干成熟理论与方法。近些年基于随机过程[105-107]的性能退化建模方法成为研究热点，加速应力类型涉及温度、湿度、振动、高低温循环、温度湿度双综合、湿度振动双综合等[108]，其产品应用范围涵盖军用、民用领域，包括发光二极管、金属化薄膜电容器、加速度计、橡胶密封圈、电磁继电器、电连接器等[109-114]。

在参数估计方面，由于每个样品在加速应力可靠性试验中要多次测量性能退化数据，累积的加速性能退化数据相对较多，适合采用极大似然估计法获取参数值[115, 116]。当加速退化模型较为复杂时，基于加速退化模型所建立的似然函数通常含有较多未知参数，难以采用传统的求解偏导方程组的办法获取参数估计值。针对此问题，可利用 Newton - Raphson 递归逼近法从偏导方程组中获取参数估计值，例如文献［117］提出了一种基于 MATLAB fminsearch 函数获取极大似然估计值的方法，具有较好的工程应用性。

1.2.3.3 基于多元退化数据的可靠性评定方法

很多产品本身存在多个性能退化过程，当只有一个退化过程占主导地位并且是产品失效的最主要因素时，适合采用一元性能退化建模方法。然而对一些本身存在多个性能退化过程的产品来说，产品失效是多个退化过程竞争引起的，应该考虑采用多元性能退化建模方法[118-120]。多元性能退化数据建模方法的研究目前分为两个方向：各性能退化过程间没有耦合性；各性能退化过程间具有耦合性。

罗湘勇等[121]在预测某型导弹可靠性时，首先确定出影响导弹贮存可靠性的 5 种关键部件，然后通过拟合定检数据分别建立各部件的退化失效模型，最后在假定各部件失效过程不存在耦合性的基础上，建立了基于串联系统结构的导弹贮存可靠性模型。潘骏等[122]研究了某型橡胶密封圈寿命预测方法，采用多元 Normal 分布函数对压缩永久变形量、压缩应力松弛系数这两种参数建立了耦合性退化模型。Pan 等[123]研究了基于 Copula 函数的多元参数耦合性退化建模问题，首先利用 Wiener 随机过程分别建立每个性能参数的退化模型，然后采用 Copula 函数描述退化过程之间的耦合性。张建勋等[124]在建立某些陀螺仪寿命预测模型时，将陀螺仪漂移参数测量值的样本平均值与样本标准差作为两种具有耦合性的退化参数，利用方差时变的正态随机过程建立两退化参数的边缘生存函数，同样采用 Copula 函数描述两种退化参数之间的耦合性。唐家银等在研究某型航空发动机转轴可靠性问题时，考虑了 4 种故障模式的耦合性竞争失效情况。Pan 等[125, 126] 分别研究了基于 Gamma 过程、Wiener 过程的二元参数耦合性退化建模问题。此外，文献［127－132］也对多元性能退化建模方法以及竞争失效问题进行了相关探讨。

在参数估计方面，当采用 Copula 函数建立耦合性多元加速退化模型时，由于加速退化模型中含有较多未知参数，难以通过极大似然法一体化估计出所有未知参数[133]。目前有两种可行的解决方案：一是分步建立似然函数，分别估计退化模型参数值与 Copula 参数值；二是利用 Bayesian MCMC（Markov Chain Monte Carlo）方法一体化估计所有参数[134]。

1.2.3.4 基于多源数据融合的可靠性评定

为了提高可靠性评定的准确性，如何有效融合更多、更真实的可靠性数据进行统计分析成为热点研究方向[135-138]。目前，Bayes 理论是进行多源信息融合的主要手段，一般步骤为：首先建立随机参数退化模型，然后结合先验信息确定随机参数的先验分布，最后根据 Bayes 公式融合现场信息与先验信息后估计出随机参数的后验分布或后验期望值，进而推断各可靠性测度[139-144]。文献［145］研究了基于多源信息融合预测滚珠轴承寿命的方法，假定性能退化模型各参数服从无信息先验分布，根据 Bayes 理论融合个体现场退化数据、总体先验退化数据以及实时负载量和转速等信息估计随机参数的后验期望值，实现了滚珠轴承在变负载条件下的寿命预测。文献［146］提出了动态工作/贮存环境下的产品个体剩余寿命预测方法，假定 Wiener 过程的漂移参数与环境协变量有关，利用 Bayes 方法融合先验加速退化数据、现场性能退化数据、环境信息建立预测模型，采用 MCMC 法解析模型参数。文献［147，148］利用随机过程对导弹部件性能退化数据建模，通过 Bayes 方法融合定期测试数据与加速退化数据进行可靠性统计分析，克服因定期测试数据较少导致的可靠性评定结果准确度与置信度不高的问题[148, 149]。

对于基于多源数据融合的可靠性评定方法，参数估计难度往往大于可靠性建模难度。当模型中的随机参数设置为共轭先验分布类型时，推导随机参数的后验期望值相对容易，然而如何利用先验信息估计出先验分布的超参数值具有难度[150-152]。已有研究表明采用 EM（Expectation Maximization）算法估计超参数值具有较高的准确性与实用性[26, 147]。EM 算法是一种递归迭代的多步逼近算法，将模型中的各随机参数看作隐含参数，每一步迭代过程包括求隐含参数期望值、极大化似然方程组两个步骤，能够一体化估计出所有超参数值[136, 153]。当模型中的随机参数设置为非共轭先验分布类型时，随机参数的后验分布类型是未知的，难以获取其后验期望值[139, 154]。随着计算机性能的提升，目前能够较为容易地利用 MCMC 方法拟合出随机参数的后验分布，主要采用的随机抽样方法为 Metropolis－Hastings 法及 Gibbs 法，WinBUGS 和 OpenBUGS 软件是实现以上算法的通用化编程平台[155, 156]。

1.2.4 加速应力可靠性试验的一致性验证方法

1.2.4.1 失效机理一致性验证方法

产品的失效机理与环境应力水平紧密相关，产品在高环境应力水平下很可能出现一些常应力水平下不存在的退化机理与失效模式。只有保证产品在各应力水平下的失效机理具有一致性，才有可能利用这些应力水平下的试验数据准确外推出产品在常应力下的可靠性测度。产品在各应力水平下的失效机理一致性宏观表现为各应力水平下的退化过程相似性，如果产品在某加速应力水平下的失效机理发生变化，表现为产品在此应力水平下的性能退化过程及参数估计值出现突变。依据以上理论，学者围绕以下几个方面开展了失效机理一致性辨识方法的研究工作。

（1）基于寿命分布参数值的一致性验证方法

此类方法的理论依据为：产品在各应力水平下的失效机理一致表现为产品寿命分布模型在各应力水平下的参数值应满足某等式[157]。周源泉等[158,159]分别研究了基于 Gamma 分布参数值、基于 Log - Normal 分布参数值的一致性验证方法。马小兵等[160]、林逢春等[161]分别研究了基于 Weibull 分布参数值的一致性辨识方法。此类方法主要用于验证产品在加速寿命试验中的失效机理是否具有一致性，并且目前限定于使用以上 3 种寿命分布类型。

（2）基于加速模型参数值的一致性验证方法

此类方法的理论依据为：产品在各应力水平下的失效机理一致表现为加速模型在各应力水平下的参数值应满足某等式。文献［162，163］分别研究了基于 Arrhenius 加速模型参数值的失效机理一致性验证方法。文献［164］针对 Arrhenius 模型中的激活能参数估计值提出了基于似然比的一致性验证方法，并应用此方法验证硅橡胶圈在步进应力加速退化试验中的失效机理是否一致。目前，此类验证方法限定于使用 Arrhenius 加速模型的情形。

（3）基于性能退化拟合轨迹的一致性验证方法

此类方法的理论依据为：产品在各应力水平下的失效机理一致表现为产品在各应力水平下的性能退化拟合轨迹具有形状一致性。冯静[165]研究了基于 Spearman 秩相关系数的退化拟合轨迹形状一致性验证方法；文献［166，167］分别研究了基于灰色理论的退化拟合轨迹形状一致性验证方法。

（4）基于退化模型参数值的一致性验证方法

此类方法的理论依据为：产品在各应力水平下的失效机理一致表现为产品在各应力水平下的退化模型参数值应满足某等式。文献［168，169］分别基于 Wiener 退化模型参数值、Gamma 退化模型参数值研究了失效机理一致性验证方法。

1.2.4.2 可靠性评定结果一致性验证

目前，对加速应力可靠性试验的研究主要集中在试验方案的优化设计和可靠性评定两个领域，缺少对可靠性评定结果一致性验证方法的研究。加速应力可靠性试验在获得高试验效率的同时增加了可靠性建模难度、降低了可靠度评定精度，因此需要验证可靠度评定结果与真实值间的一致性。

产品可靠度的真实值无法直接得出，可利用常应力下的可靠性数据统计推断得出，然而工程实践中往往难以获取高可靠性、长寿命产品在常应力下的可靠性数据，这给一致性验证工作带来了难题[170, 171]。文献［17］在研究可靠性评定结果验证方法时，将产品在最低加速应力下的退化数据作为标准数据，从而验证与外推此应力水平下可靠度结果的一致性，然而此做法实质上只是对加速退化模型的准确度进行了一定程度的验证。不少研究工作将加速退化模型与加速退化数据的拟合优劣作为验证依据[172-175]，这实质上也只是在一定程度上验证了加速退化模型的准确性，并不能验证评定结果的一致性。例如，文献［32］在预测某型 LED 剩余寿命时考虑了 3 种不同的加速退化模型，选择了与加速退化数据拟合最优的加速退化模型外推产品在常应力下的可靠度。此外，文献［16］利用加速电流应力试验评估有机发光二极管寿命，通过比对产品常应力下的平均寿命与加速试验外推的平均寿命值，定性验证了评定结果的准确性。文献［171］总结了能够定量验证预测模型准确性及预测结果一致性的各类方法，基于假设检验的验证法具有较高的可信度与较广的适用范围。文献［176］为了验证常应力下性能退化模型的准确性，提出了一种复合验证方法，包括：波动阈值一致性验证、空间形状一致性验证。以上研究工作只是提出了验证常应力下预测模型准确性的方法，尚不能验证加速退化模型的准确度及可靠性评定结果的一致性。

1.3 存在问题与解决思路

从对研究现状的综述可知，目前退化失效型产品的加速应力可靠性试验方法已取得了部分研究成果，但还没有建立成熟的理论体系，试验数据的建模与统计分析充满了主观经验色彩，在方案优化设计、可靠性评定以及评定结果验证等方面有一些难点问题还未解决，尚不能为弹载退化失效型产品的可靠性试验提供坚实的理论与方法支撑。

1.3.1 存在问题

（1）加速应力可靠性试验的优化设计方面

建立准确的加速退化模型是对加速应力可靠性试验方案进行优化设计的必要前提，然而，目前绝大多数研究工作都是依据各类假定建立加速退化模型，无法保证方案优化模型的准确性，容易得出非最优的试验方案。此外，目前大部分研究工作都将最小化常应力下 p 分位寿命估计值的渐进方差作为优化准则，然而对于 Wiener、Gamma、Inverse Gaussian 等性能退化模型，无法推导出 p 分位寿命的闭环解析式，目前都是基于 p 分位寿命的近似解析式建立方案优化的数学模型，这也很可能得出非最优的试验方案。

（2）加速应力可靠性试验的可靠性评定方面

目前，基于一元性能退化数据的可靠性建模与评定理论已较为成熟，但对于一些弹载退化失效型产品来说，由于并存着两个或更多个主导产品失效的性能退化过程，而且各性能退化过程之间还存在一定的退化耦合性，如何基于多元耦合加速退化数据评定产品的可靠性还没有成熟的理论和方法。此外，弹载产品在寿命周期内会经历多种可靠性试验，每种可靠性试验能够或多或少积累一些可靠性数据，有效融合多源可靠性数据有助于提高可靠性评定的准确度与置信度，但是目前缺少相关的融合评估方法。

（3）加速应力可靠性试验的一致性验证方面

目前，基于加速试验数据统计分析的失效机理一致性验证方法还处于研究起步阶段，研究工作主要存在两方面不足：一是缺少对一致性验证方法深层次理论基础的研究；二是一致性验证手段不多，具有一定的局限性。对于可靠性评定结果的一致性验证，目前还处于定性验证阶段，没有形成一套具有工程实用性的定量验证方法。

1.3.2 解决思路

为了解决以上问题，有针对性地提出以下解决思路：

（1）加速应力可靠性试验的优化设计方面

为了克服依据假定容易错误建立加速退化模型的不足，拟采用加速系数不变原则推导性能退化模型各参数随加速应力的变化规律，在此基础上准确建立加速退化模型。为了避免因无法获取 p 分位寿命的闭环解析式而造成的方案优化设计难题，提出将最小化加速系数估计值的渐进方差作为试验方案的优化准则，在此基础上建立一套加速应力可靠性试验方案优化设计的新方法。

（2）加速应力可靠性试验的可靠性评定方面

为了解决基于多元加速退化数据的可靠性建模与参数估计难题，分别研究考虑退化增量耦合性的建模方法、考虑边缘生存函数耦合性的建模方法，提出基于 Copula 函数的可靠性建模方法与基于 MCMC 的参数估计方法。为了突破基于多源数据融合的可靠性评定难题，基于 Bayes 理论研究一种采用随机参数共轭先验分布函数的可靠性建模与参数估计方法，设计 EM 算法一体化估计各随机参数的超参数值。

（3）加速应力可靠性试验的一致性验证方面

为了解决失效机理一致性验证难题，研究将失效机理一致性验证问题转换为模型参数估计值一致性辨识问题的相关理论，提出一种基于 ANOVA 的参数估计值一致性辨识方法。为了解决可靠性评定结果一致性验证难题，首先研究一种基于假设检验的可靠性模型验证方法，然后建立一种基于面积比的可靠性评定结果一致性验证方法。

1.4 本书内容安排

本书分 6 个章节对弹载退化失效型产品加速应力可靠性试验方法进行研究。主要章节的体系结构如图 1-1 所示，各章节的研究内容简介如下。

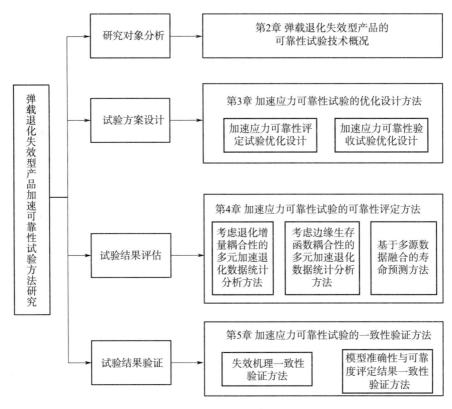

图 1-1　主要章节的体系结构

第1章　绪论

　　阐述了弹载退化失效型产品加速应力可靠性试验方法研究的工程背景与科学意义，对加速应力可靠性试验技术、试验的优化设计方法、试验的可靠性评定方法、试验的一致性验证方法进行了研究现状与发展趋势综述，介绍了亟待解决的关键科学问题，在此基础上确定了本书的主要内容及体系结构。

第2章　弹载退化失效型产品的可靠性试验技术概况

　　对典型弹载退化失效型产品的失效模式、失效机理、贮存使用环境、敏感应力类型进行了梳理。结合产品的全寿命周期任务剖面，总结了弹载退化失效型产品的主要可靠性试验类型，提出了弹载退化失效型产品加速应力可靠性试验方法的关键科学问题。

第3章　加速应力可靠性试验的优化设计方法

　　分别针对加速应力可靠性评定试验、加速应力可靠性验收试验给出了方案优化设计方法，提出了以加速系数为核心构建方案优化模型的理论体系，通过案例应用与仿真试验验证了所提方法的有效性与可行性。

第4章　加速应力可靠性试验的可靠性评定方法

　　分别研究了考虑退化增量耦合性的多元加速退化数据统计分析方法、考虑边缘生存函数耦合性的多元加速退化数据统计分析方法和基于多源数据融合的寿命预测方法。

第 5 章　加速应力可靠性试验的一致性验证方法

　　针对目前的失效机理一致性验证方法在加速应力可靠性试验中适用性较差的问题，研究了基于 ANOVA 的失效机理一致性验证方法，通过统计分析加速试验数据验证失效机理是否一致。为了解决加速应力可靠性试验中的验证难题，研究了基于假设检验的模型准确性验证方法、基于面积比的可靠度评定结果一致性验证方法。

第 6 章　总结与展望

　　总结全书，对相关技术的进一步研究与发展进行展望。

第2章　弹载退化失效型产品的可靠性试验技术概况

目前，我国导弹装备型号多、批量大，并且新型号产品层出不穷，弹载产品的可靠性水平直接决定了整弹的可靠性水平，影响了导弹装备的作战使用效能，因此掌握弹载产品的可靠性变化规律非常重要[177, 178]。可靠性试验是认识和获取产品可靠性信息的重要途径，是保证武器装备可靠性达到预期水平的重要手段[179]。

2.1节梳理了弹载退化失效型产品的主要类型、贮存失效模式与失效机理，分析了敏感应力类型。2.2节总结了弹载产品在全寿命周期中的可靠性试验类型。2.3节初步提出了弹载退化失效型产品的加速应力可靠性试验方法与关键问题。

2.1　弹载退化失效型产品

产品失效是和所处的环境紧密相关的，对于导弹装备而言，广义的环境应力可细分为自然环境应力、生物环境应力、载荷应力等。自然环境应力包括温度、湿度、盐雾、光照、沙尘、降水等，生物环境应力为霉菌等，载荷应力主要是由导弹运输、吊装、维修等活动所引起的振动、摇摆、冲击、碰撞等力学载荷，以及对导弹进行定期检测、技术准备时因通电产生的电学载荷。在长期贮存过程中，很多弹载产品不可避免地会受到环境应力的影响发生性能退化，如电子产品发生参数漂移、焊点氧化等，机械产品发生结构强度降低、腐蚀等，橡胶材料发生老化，发动机装药出现裂纹和脱粘等。性能退化的长期累积会造成产品退化失效，可将具有这种退化失效现象的导弹元器件、部组件、整机等统称为弹载退化失效型产品。弹载退化失效型产品的主要类型、失效模式与失效机理见表2-1。

表2-1　主要的弹载退化失效型产品及其失效模式、失效机理

产品类别	产品名称	贮存失效模式	主要失效机理	敏感应力
机电类	加速度计、陀螺仪、高度表、电连接器、电磁继电器等	接触不良、接触对电阻超差、参数漂移、输出不稳等	应力腐蚀、疲劳破坏、触点氧化等	温度、湿度、霉菌、电应力、振动等
电子类	雷达电路板、高频头、弹上电缆、电池、电容器	开路、短路、参数漂移、电压击穿、绝缘失效等	接触点氧化、电迁移、腐蚀等	温度、湿度、霉菌、电应力等
机械类	弹翼展开机构、舵翼展开机构、脱落插座、吊装挂点、弹簧	动作不到位、断裂、裂纹、结构变形等	磨损、疲劳、应力腐蚀、电化学腐蚀	温度、振动、冲击等
火工品	推进剂、引信、起爆火药	结晶、脆性变差、脱粘	老化、氧化	温度、湿度等
橡胶件与复合材料	橡胶密封圈、隔热涂层、整流罩、胶合剂	接触不良、开路、短路、接触对粘接	老化、疲劳	温度、湿度、霉菌等

弹载产品平时随导弹贮存在库房、洞库等场所，这些场所有专门的环境控制设施，贮存环境控制良好。对于贮运发射箱内贮存的导弹，由于采取了密封、充入惰性气体等措施，有效延缓了外部环境对箱内产品的影响，箱内环境更为优良。因此，在弹载产品长期贮存过程中，温度是诱发产品退化失效的最主要环境应力类型。高温容易改变产品的物理、化学特性，可造成机械产品的强度、尺寸、刚度等属性的变化，导致电子产品触点变形、焊点开裂、导电性能下降，引起化工产品燃速改变、药剂熔化、流化等。低温会造成机械、电子、非金属等材料的物理性能发生变化。高低温交变会加速金属腐蚀、非金属老化，并且容易造成复合材料表面开裂，而且当温差过大时，会促使大气中的水分在金属表面产生凝结水，为大气电化学腐蚀创造条件。

2.2　弹载退化失效型产品的可靠性试验类型

为了获得高技术性能，新材料、新技术、新工艺不断应用到新型号弹载产品上，相对于老型号产品，这在改进了性能技术水平的同时也改变了产品的可靠性水平，需要开展可靠性试验重新认识、掌握产品的可靠性变化规律。导弹及其弹载产品的全寿命周期可分为如下几个阶段：指标与方案论证、工程研制、产品定型、批量生产、交付部队、贮存与延寿、发射或报废，几乎每个阶段都有对应的可靠性试验项目[2, 3, 180]，如图 2-1 所示。

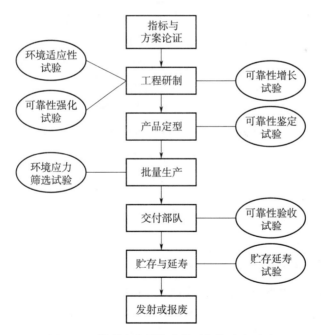

图 2-1　导弹寿命周期中的可靠性试验项目

导弹及其弹载产品的可靠性不仅是研发团队设计出来的，而且是工业部门生产出来的，更是交付部队后保障出来的，导弹可靠性工程就是围绕研制定型、批量生产、部队贮存开展研究性工作。研制定型阶段是产品可靠性形成的关键时期，需要开展的可靠性试验也最多，主要包括环境适应性试验、可靠性强化试验、可靠性增长试验[181, 182]。环境适应性试验（Environmental Worthiness Test，EWT）属于工程评定类试验，目的是考核产品在各种典型环境特别是极限环境条件下能够正常工作的能力，主要用于评定产品试样的材料选型、结构设计等是否合格[183]。可靠性增长试验（Reliability Growth Test，RGT）模拟产品的真实使用/贮存环境，摸清产品的故障模式，进而分析故障机理并提出针对性的改进措施，通过循环进行"试验-发现-改进"，不断提升产品的可靠性水平[184-186]。可靠性强化试验（Reliability Enhancement Test，RET）通过施加高应力水平快速引发产品故障，暴露产品薄弱环节[55, 187]。可靠性鉴定试验（Reliability Qualification Test，RQT）用于评价工程研制试样的可靠性水平是否达到了设计要求，为产品定型提供决策依据[184, 188]。环境应力筛选（Environmental Stress Screening，ESS）试验是产品质量控制的重要途径，用于剔除因材料、工艺缺陷造成的早期产品故障，确保批次生产出的产品具有高可靠性。可靠性验收试验（Reliability Acceptance Test，RAT）在向部队交付产品阶段开展，用于评估拟交付的批次产品可靠性是否达到了预定的要求[189]。导弹装备及其备件是典型的"长期贮存、定期维护、一次使用"的产品，出于军事需求或经济成本的考虑，在产品到达预定贮存期时很可能需要进行延寿，贮存延寿试验是通过试验手段确定有效的延寿措施，用于保持或提升导弹在延长贮存期的可靠性。

环境适应性试验、可靠性强化试验、环境应力筛选试验属于工程评定类可靠性试验，不需要定量评估产品的可靠性。可靠性增长试验、可靠性鉴定试验、可靠性验收试验、贮存延寿试验属于统计分析类可靠性试验，必须获取试验数据进而定量评定出产品的可靠性，因此可靠性评定是这些可靠性试验的核心任务[190, 191]。目前，用于指导可靠性增长试验的标准为 GJB 1407—1992，用于指导可靠性鉴定试验及验收试验的标准为 GJB 899A—2009[192]。然而，这些标准给出的可靠性评定方法主要假定产品寿命为成败型或指数分布[193]，适用于电子类产品，但不适用于导弹装备中的机电类、橡胶类、机械类产品。此外，这些标准提供的是常应力下的可靠性试验方法，存在试验时间长、试验费用高等一系列问题，难以适用于导弹装备中日益增多的高可靠、长寿命产品。

2.3　弹载退化失效型产品的加速应力可靠性试验

2.3.1　性能退化建模分析

性能退化建模方法主要分为基于失效物理分析的建模方法、基于退化量分布的建模方法、基于退化数据拟合的建模方法三大类别。基于失效物理分析的建模方法是在充分掌握产品失效机理的前提下推导出性能参数随时间、环境应力、载荷、结构特性等协变量的变化关系，建立的性能退化模型不仅具有较高的准确性，而且能够反馈指导产品的可靠性设计[95]。当必须采用破坏性测量手段获取产品性能退化数据时（例如测量电容器的击穿电压，单个样品只能获取一个性能退化数据），这种情况下只能采用基于退化量分布的建模方法[194]，但是基于退化量分布的建模方法步骤较为烦琐[103]，导致准确性相对较差，不太适用于可重复测量性能退化数据的产品。

对于大多数弹载退化失效型产品来说，掌握其失效机理并据此建立基于失效物理的性能退化模型是比较困难的，特别是对于缺乏可靠性信息的新型产品更是如此，因此采用基于退化数据拟合的建模方法建立退化失效型产品的可靠度模型。产品的性能退化过程具有不确定性与随机性，因此适合采用随机过程拟合性能退化数据。目前，Wiener 过程、Gamma 过程、Inverse Gaussian 过程凭借良好的统计特性与较高的预测能力，成为性能退化建模领域应用最广泛的三种随机过程。Gamma 过程与 Inverse Gaussian 过程只能用于对严格单调变化的退化过程进行建模，而 Wiener 过程还能对非单调变化的退化过程进行建模。对于随机过程退化模型，产品的失效时间（性能退化量首次到达失效阈值的时间）为随机变量，其分布函数和密度函数可以根据退化模型推导出，据此能够得出产品的可靠性模型。对于 Wiener 退化模型，失效时间分布函数为 Inverse Gaussian 分布；对于 Gamma 退化模型，失效时间分布函数不属于已知的寿命分布类型，但在某些条件下可利用 B - S 分布拟合替代；对于 Inverse Gaussian 退化模型，其失效时间分布函数也不属于已知的寿命分布类型，在某些情况下可利用 Normal 分布拟合替代。

本书的研究工作拟采用 Wiener、Gamma、Inverse Gaussian 随机过程对产品的性能退化数据进行拟合建模，针对具体的产品性能退化数据，根据拟合优劣并参考工程经验选择最佳的随机过程模型。

2.3.2　加速应力与加速模型分析

弹载产品长期处于库房贮存状态，由于库房内采取了较好的贮存环境控制措施并且大多数弹载产品是密封包装，湿度、霉菌、振动、冲击、盐雾等环境应力对产品寿命的影响可以忽略，温度是导致产品退化的首要环境应力[195]。温度对多种失效机理具有加速效果，例如高温有助于电子产品发生介质击穿、电荷迁移、晶粒扩散、电阻漂移等，能够加速橡胶制品、复合材料以及推进剂老化，导致金属制品发生电化学腐蚀、疲劳蠕变等，因此弹载产品的加速应力可靠性试验一般选取温度作为加速应力[196]。

加速模型不仅能够描述产品寿命特征随环境应力的变化规律，经过转换也能用于描述产品退化速率或性能退化模型参数值随温度应力的变化规律[52]。目前，以温度应力为协变量的加速模型主要有：Arrhenius 模型、Eyring 模型、Exponential 模型以及 Coffin - Manson 模型[197]。

（1）Arrhenius 模型

Arrhenius 模型被广泛用于描述温度对产品退化速率 $\varpi(T)$ 的影响，表达式为

$$\varpi(T) = A \cdot \exp\left(\frac{-E_a}{k \cdot T}\right) \qquad (2-1)$$

式中，A 为常数，与产品特性与试验因素有关；k 表示 Boltzmann 常数，$k = 8.617\ 1 \times 10^{-5}$ eV/K；E_a 表示激活能，单位为 eV，其大小由产品材料决定；T 表示绝对温度，单位为 K。

（2）Eyring 模型

Eyring 模型也是一种应用广泛的温度应力加速模型，表达式为

$$\varpi(T) = \frac{A}{T} \cdot \exp\left(\frac{-E_a}{k \cdot T}\right) \tag{2-2}$$

与 Arrhenius 模型相比，Eyring 模型的系数变为 A/T，当 T 变化范围较小时可近似为 Arrhenius 模型。在具体工程应用中，可以分别使用这两个加速模型去拟合加速老化数据，根据拟合优劣选择合适的加速模型。

（3）Inverse Power 模型

Inverse Power 模型一般用来描述电应力对产品退化速率的影响，也被用于建立退化速率与温度应力 T 的关系式，表达式为

$$\varpi(T) = A \cdot T^B \tag{2-3}$$

（4）Exponential 模型

相关文献曾利用 Exponential 模型描述产品退化速率随温度应力 T 的变化规律，表达式为

$$\varpi(t) = A \cdot \exp(B \cdot T) \tag{2-4}$$

（5）Coffin - Manson 模型

当产品的正常温度应力在一定范围内呈现出有规律的高温、低温变化趋势时，可通过加大高温与低温之间的差距或提高高低温变化频率的方式加速产品退化失效过程，Coffin - Manson 模型能够用于描述产品退化率随温度因素的变化规律，如

$$\varpi(T_H, T_L, f) = A \cdot f^B \cdot \Delta T^C \cdot \exp\left(-\frac{D}{T_H}\right) \tag{2-5}$$

式中，A、B、C、D 为常数；f 为高低温交变的频率；T_H 为高温应力水平；$\Delta T = T_H - T_L$ 表示高低温的温差。

根据工程经验，弹载产品的自然贮存环境基本上为恒定温度，Arrhenius 模型对于弹载产品的温度应力加速试验数据具有较好的拟合性和适用性[198]。为了方便应用与表示，式（2-1）在本书以下部分被表示为

$$\varpi(T) = \exp(a - b/T) \tag{2-6}$$

式中，$a = \ln A$；$b = E_a/k$。

2.3.3　加速应力可靠性试验关键问题分析

为了准确估计加速模型中的参数值，加速应力可靠性试验中应该设置足够多的应力水平。单应力加速模型一般具有 2 个未知参数，需要至少设置 3 组不同的加速应力水平；温湿、温振等双应力加速模型一般具有 3 个未知参数，需要至少设置 4 组不同的加速应力水平。可以想象，加速应力水平越多、试验样本量越多、性能退化测量频率越高、试验时间越长，所获取的试验数据就越充足，可靠性评定的准确度与置信度就越高，然而，试验费用也会越高。可靠性试验工程师们所面临的一个难题是，如何在可靠性评定准确度与试验费用之间进行权衡，为解决此难题，引出了可靠性试验优化设计理论与方法这一研究领

域。目前，一个重点研究方向为在给定最高允许试验费用的前提下，如何统筹安排可靠性试验的各因素，以获取最优的可靠性评定结果。

在实施加速应力可靠性试验获取弹载产品的性能退化数据后，如何合理地统计分析试验数据成为准确评定产品可靠性的关键。试验数据统计分析问题可划分为可靠性建模与模型参数估计两方面。对于一元加速退化数据来说，可靠性建模可分为建立性能退化模型、建立退化模型参数的加速模型两个主要步骤。对于多元加速退化数据来说，可靠性建模还需额外考虑建立相关性模型的步骤，这增加了可靠性建模的难度。此外，较多的待估参数也对参数估计方法提出了更高要求。因此，多元加速退化数据的统计分析方法为可靠性评定领域的难点问题，也是加速应力可靠性试验技术中需要着重解决的关键问题。

与常应力可靠性试验相比，加速应力可靠性试验虽然提高了可靠性评定效率，但是外推到常应力下的可靠度结果通常会与真实值存在一定的偏差，因此需要验证评定结果是否与真实值具有一致性（偏差是否在可接受的范围内），这引出了加速应力可靠性试验中另一个关键问题：可靠性评定结果的一致性验证。

根据以上分析，提升弹载退化失效型产品的加速应力可靠性试验水平需要着重研究如下 3 个关键问题：加速应力可靠性试验优化设计、可靠性评定、评定结果一致性验证，它们之间的逻辑关系如图 2-2 所示。

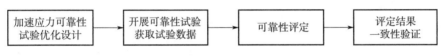

图 2-2　加速应力可靠性试验的关键问题

2.4　本章小结

本章总结了主要的弹载失效型产品的类型、失效模式与失效机理，分析了弹载失效型产品的贮存使用环境及敏感环境应力类型，根据弹载退化失效型产品的特点初步提出了性能退化建模方法与加速模型，提炼了加速应力可靠性试验的 3 个关键科学问题：加速应力可靠性试验优化设计、可靠性评定、评定结果一致性验证，为后续各章深入展开研究奠定了基础。

第3章 加速应力可靠性试验的优化设计方法

3.1 引言

加速试验中样本量大小、试验时间长短、加速应力安排等因素影响着可靠性测度的评定精度，为了提高加速应力可靠性试验的效费比，需要研究试验优化设计理论与方法。为了克服现有优化设计方法存在的问题，提出了以加速系数为核心的优化设计理论与方法。

3.2 节以 Wiener 退化模型及步进温度应力加速退化试验为具体背景，提出了基于加速系数不变原则的加速应力可靠性评定试验优化设计方法。3.3 节以 Inverse Gaussian 退化模型及精密电阻可靠性验收试验为具体背景，提出了一种高效的加速应力可靠性验收试验优化设计方法。

3.2 加速应力可靠性评定试验优化设计方法

主要研究工作包含以下 4 部分：1) 提出了基于 Wiener 过程的性能退化建模方法，引入加速系数不变原则推导出退化模型中的哪些参数与加速应力相关，为准确建立 Wiener - Arrhenius 加速退化模型提供支撑；2) 推导出了 Wiener - Arrhenius 加速退化模型参数值的极大似然估计量，在此基础上依据 Delta 理论得出加速系数估计值的渐进方差，将极小化此渐进方差作为优化准则构建试验方案优化的数学模型；3) 为了高效获取最优的试验方案，设计了程序化的寻优算法；4) 将所提方法应用于设计某型电连接器加速退化试验的最优方案。

3.2.1 加速退化建模与参数估计

3.2.1.1 基于 Wiener 过程的性能退化建模

如果产品的性能退化过程呈现非单调变化趋势，适合采用 Wiener 过程进行性能退化建模。Wiener 过程 $Y(t)$ 的通用表达式为

$$Y(t) = \mu \cdot \Lambda(t) + \sigma \cdot B(\Lambda(t)) \tag{3-1}$$

式中，μ 表示漂移参数；$\sigma(\sigma > 0)$ 表示扩散参数；$B(\cdot)$ 表示标准 Brownian 运动；$\Lambda(t)$ 表示时间函数，并且需满足 $\Lambda(0) = 0$。

根据 Wiener 过程的统计特性，$Y(t)$ 的独立增量 $\Delta Y(t) = Y(t + \Delta t) - Y(t)$ 应服从一个均值为 $\mu \Delta \Lambda(t)$，方差为 $\sigma^2 \Delta \Lambda(t)$ 的 Normal 分布，如

$$\Delta Y(t) \sim N(\mu \Delta \Lambda(t), \sigma^2 \Delta \Lambda(t)) \tag{3-2}$$

式中，$\Delta\Lambda(t)=\Lambda(t+\Delta t)-\Lambda(t)$ 代表时间增量。

如果产品的性能退化过程为 Wiener 过程，基于 Wiener 过程建立的性能退化模型可简称为 Wiener 退化模型。设产品性能参数的失效阈值为 D ，则当 $Y(t)$ 首次到达 D 时产品发生退化失效，失效时间 ξ 记为 $\xi=\inf\{t\mid Y(t)\geqslant D\}$ 。根据 Wiener 过程的统计特性，可知 ξ 应该服从 Inverse Gaussian 分布，ξ 的概率密度函数为

$$f_\xi(t)=\frac{D}{\sqrt{2\pi\sigma^2\Lambda^3(t)}}\exp\left[-\frac{(D-\mu\Lambda(t))^2}{2\sigma^2\Lambda(t)}\right] \tag{3-3}$$

ξ 的累积分布函数为

$$F_\xi(t)=\Phi\left(\frac{\mu\Lambda(t)-D}{\sigma\sqrt{\Lambda(t)}}\right)+\exp\left(\frac{2\mu D}{\sigma^2}\right)\Phi\left(-\frac{\mu\Lambda(t)+D}{\sigma\sqrt{\Lambda(t)}}\right) \tag{3-4}$$

式中，$\Phi(\cdot)$ 代表标准 Normal 分布函数。

通过累积分布函数可求出产品的 p 分位寿命 ξ_p 值，但是对于 Wiener 退化模型，ξ_p 的表达式无法由式（3-4）所示的累积分布函数推导得出。为了将 ξ_p 用于构建优化设计数学模型，通常采用 ξ_p 的近似表达式[8]为

$$\xi_p\approx\left[\frac{\sigma^2}{4\mu^2}\left(z_p+\sqrt{z_p^2+\frac{4D\mu}{\sigma^2}}\right)^2\right]^{1/\Lambda} \tag{3-5}$$

式中，z_p 代表标准 Normal 分布的 p 分位值。

3.2.1.2　加速系数不变原则

只有确定出 Wiener 退化模型的哪些参数与加速应力相关，才能准确建立加速退化模型。引入加速系数不变原则推导加速系数表达式，并确定出 Wiener 退化模型中的哪些参数与加速应力相关。

加速系数的通用定义：令 $F_k(t_k)$、$F_h(t_h)$ 分别表示产品在任意两个不同应力 S_k、S_h 下的累积失效概率，当

$$F_k(t_k)=F_h(t_h) \tag{3-6}$$

时，S_k 相当于 S_h 的加速系数 $A_{k,h}$ 为

$$A_{k,h}=t_h/t_k \tag{3-7}$$

加速系数不变原则是指 $A_{k,h}$ 应该为一个不随时间 t_h、t_k 变化，只由应力水平 S_k、S_h 所决定的常数，否则不具备工程实用价值[157, 199]。

将式（3-7）代入式（3-6），得到

$$F_k(t_k)=F_h(A_{k,h}t_k) \tag{3-8}$$

由式（3-8）可推导出

$$f_k(t_k)=A_{k,h}f_h(t_h) \tag{3-9}$$

推导过程为

$$f_k(t_k)\Rightarrow\frac{\mathrm{d}F_k(t_k)}{\mathrm{d}t_k}\Rightarrow A_{k,h}\frac{\mathrm{d}F_h(A_{k,h}t_k)}{\mathrm{d}(A_{k,h}t_k)}\Rightarrow A_{k,h}\frac{\mathrm{d}F_h(t_h)}{\mathrm{d}(t_h)}\Rightarrow A_{k,h}f_h(t_h) \tag{3-10}$$

设 $\Lambda(t)=t$ ，将式（3-3）代入式（3-9）得到

$$A_{k,h} = \frac{f_k(t_k)}{f_h(A_{k,h}t_k)}$$

$$= \frac{\sigma_h A_{k,h}^{3/2}}{\sigma_k} \cdot \exp\left[\left(\frac{D\mu_h}{\sigma_h^2} - \frac{D\mu_k}{\sigma_k^2}\right) + \frac{1}{t_k}\left(\frac{D^2}{2\sigma_h^2 A_{k,h}} - \frac{D^2}{2\sigma_k^2}\right) + t_k\left(\frac{\mu_h^2 A_{k,h}}{2\sigma_h^2} - \frac{\mu_k^2}{2\sigma_k^2}\right)\right]$$

$$(3-11)$$

为了保证 $A_{k,h}$ 为一个不随 t_k 变化的常数，应要求式（3-11）中 t_k 的系数项为 0，即

$$\begin{cases} \dfrac{D^2}{2\sigma_h^2 A_{k,h}} - \dfrac{D^2}{2\sigma_k^2} = 0 \\[3mm] \dfrac{\mu_h^2 A_{k,h}}{2\sigma_h^2} - \dfrac{\mu_k^2}{2\sigma_k^2} = 0 \end{cases} \qquad (3-12)$$

由式（3-12）推导出基于 Wiener 退化模型的加速系数表达式为

$$A_{k,h} = \frac{\mu_k}{\mu_h} = \left(\frac{\sigma_k}{\sigma_h}\right)^2 \qquad (3-13)$$

可知 Wiener 退化模型的漂移参数和扩散参数都与加速应力相关，并且在任意两个应力 S_k、S_h 下的参数值满足比例变化关系 $\mu_k/\mu_h = \sigma_k^2/\sigma_h^2$。设时间函数为 $\Lambda(t) = t^\Lambda$ 时，Wiener 退化模型可较好拟合非线性退化过程。如果将以上推导过程中的 $\Lambda(t) = t$ 换为 $\Lambda(t) = t^\Lambda$，可推导出加速系数表达式为

$$A_{k,h} = \left(\frac{\mu_k}{\mu_h}\right)^{\frac{1}{\Lambda_k}} = \left(\frac{\sigma_k}{\sigma_h}\right)^{\frac{2}{\Lambda_k}}, \quad \Lambda_k = \Lambda_h \qquad (3-14)$$

上式表明参数 Λ 也与加速应力无关。

3.2.1.3　加速退化建模

如果加速应力为绝对温度 T 并采用 Arrhenius 加速模型，由于漂移参数 μ 和扩散参数 σ 都与加速应力相关，利用 Arrhenius 加速模型将 Wiener 退化模型在第 k 个加速温度应力 T_k 下的漂移参数、扩散参数分别表示为

$$\mu_k = \exp(\gamma_1 - \gamma_2/T_k) \qquad (3-15)$$

$$\sigma_k = \exp(\gamma_3 - \gamma_4/T_k) \qquad (3-16)$$

式中，γ_1、γ_2、γ_3、γ_4 为未知系数。将 T_h 下的模型参数值表示为

$$\mu_h = \exp(\gamma_1 - \gamma_2/T_h) \qquad (3-17)$$

$$\sigma_h = \exp(\gamma_3 - \gamma_4/T_h) \qquad (3-18)$$

为了满足式（3-13）中限定的比例变化关系 $\mu_k/\mu_h = \sigma_k^2/\sigma_h^2$，须要求 $\gamma_4 = 0.5\gamma_2$，分别建立 μ 与 σ 的加速模型为

$$\mu(T) = \exp(\gamma_1 - \gamma_2/T) \qquad (3-19)$$

$$\sigma(T) = \exp(\gamma_3 - 0.5\gamma_2/T) \qquad (3-20)$$

通过以上工作，最终建立 Wiener - Arrhenius 加速退化模型为 $Y(t; T) \sim N(\exp(\gamma_1 - \gamma_2/T)\Lambda(t), \ \exp(2\gamma_3 - \gamma_2/T)\Lambda(t))$。

3.2.1.4　参数估计

Wiener - Arrhenius 加速退化模型的待估参数向量为 $\boldsymbol{\Omega} = (\gamma_1, \ \gamma_2, \ \gamma_3, \ \Lambda)$，以下利

用极大似然法估计加速退化模型参数值。设 t_{ijk} 表示 T_k 下的第 j 个样品进行第 i 次测量的时刻, y_{ijk} 表示测量到的性能退化数据, $\Delta\Lambda_{ijk} = t_{ijk}^{\Lambda_k} - t_{(i-1)jk}^{\Lambda_k}$ 为时间增量, $\Delta y_{ijk} = y_{ijk} - y_{(i-1)jk}$ 为性能退化增量, $i=1,2,\cdots,H_k$; $j=1,2,\cdots,N$; $k=1,2,\cdots,M$ 。根据 $\Delta y_{ijk} \sim N(\exp(\gamma_1 - \gamma_2/T_k)\Delta\Lambda_{ijk},\ \exp(2\gamma_3 - \gamma_2/T_k)\Delta\Lambda_{ijk})$, 建立似然函数为

$$l(\boldsymbol{\Omega}) = \prod_{k=1}^{M}\prod_{j=1}^{N}\prod_{i=1}^{H_k} \frac{1}{\sqrt{2\pi\exp(2\gamma_3 - \gamma_2/T_k)\Delta\Lambda_{ijk}}}\exp\left[-\frac{(\Delta y_{ijk} - \exp(\gamma_1 - \gamma_2/T_k)\Delta\Lambda_{ijk})^2}{2\exp(2\gamma_3 - \gamma_2/T_k)\Delta\Lambda_{ijk}}\right]$$

$$(3-21)$$

转换为如下对数似然函数

$$L(\boldsymbol{\Omega}) = -\frac{1}{2}\sum_{k=1}^{M}\sum_{j=1}^{N}\sum_{i=1}^{H_k}\left\{\ln(2\pi) + 2\gamma_3 - \frac{\gamma_2}{T_k} + \ln\Delta\Lambda_{ijk} + \frac{[\Delta y_{ijk} - \exp(\gamma_1 - \gamma_2/T_k)\Delta\Lambda_{ijk}]^2}{\exp(2\gamma_3 - \gamma_2/T_k)\Delta\Lambda_{ijk}}\right\}$$

$$(3-22)$$

参数向量 $\boldsymbol{\Omega}$ 的各偏导方程为

$$\frac{\partial L(\boldsymbol{\Omega})}{\partial \gamma_1} = \sum_{k=1}^{M}\sum_{j=1}^{N}\sum_{i=1}^{H_k}[\Delta y_{ijk} - \exp(\gamma_1 - \gamma_2/T_k)\Delta\Lambda_{ijk}]\exp(\gamma_1 - 2\gamma_3) \quad (3-23)$$

$$\frac{\partial L(\boldsymbol{\Omega})}{\partial \gamma_2} = \frac{1}{2}\sum_{k=1}^{M}\sum_{j=1}^{N}\sum_{i=1}^{H_k}\left\{\frac{1}{T_k} - 2\frac{\Delta y_{ijk} - \exp(\gamma_1 - \gamma_2/T_k)\Delta\Lambda_{ijk}}{T_k\exp(2\gamma_3 - \gamma_1)} - \right.$$
$$\left.\frac{[\Delta y_{ijk} - \exp(\gamma_1 - \gamma_2/T_k)\Delta\Lambda_{ijk}]^2}{T_k\exp(2\gamma_3 - \gamma_2/T_k)\Delta\Lambda_{ijk}}\right\} \quad (3-24)$$

$$\frac{\partial L(\boldsymbol{\Omega})}{\partial \gamma_3} = \sum_{k=1}^{M}\sum_{j=1}^{N}\sum_{i=1}^{H_k}\left\{\frac{[\Delta y_{ijk} - \exp(\gamma_1 - \gamma_2/T_k)\Delta\Lambda_{ijk}]^2}{\exp(2\gamma_3 - \gamma_2/T_k)\Delta\Lambda_{ijk}} - 1\right\} \quad (3-25)$$

$$\frac{\partial L(\boldsymbol{\Omega})}{\partial \Lambda} = -\frac{1}{2}\sum_{k=1}^{M}\sum_{j=1}^{N}\sum_{i=1}^{H_k}\frac{t_{ijk}^{\Lambda}\ln t_{ijk} - t_{(i-1)jk}^{\Lambda}\ln t_{(i-1)jk}}{t_{ijk}^{\Lambda} - t_{(i-1)jk}^{\Lambda}}\cdot$$
$$\left\{1 - \frac{2[\Delta y_{ijk} - \exp(\gamma_1 - \gamma_2/T_k)\Delta\Lambda_{ijk}]}{\exp(2\gamma_3 - \gamma_1)} - \frac{[\Delta y_{ijk} - \exp(\gamma_1 - \gamma_2/T_k)\Delta\Lambda_{ijk}]^2}{\exp(2\gamma_3 - \gamma_2/T_k)\Delta\Lambda_{ijk}}\right\}$$

$$(3-26)$$

由于 $\boldsymbol{\Omega}$ 的各偏导方程较为复杂, 可采用 Newton-Raphson 递归迭代方法求解偏导方程组, 获取极大似然估计值 $\hat{\boldsymbol{\Omega}}$ 。

3.2.2 试验方案优化的数学模型构建

对于加速应力可靠性评定试验来说, 获取的加速系数估计值越精确说明加速试验中对失效机理一致性控制得越好, 从这个角度出发将最小化加速系数估计值的渐进方差设为优化准则, 进而构建最高允许试验费用约束下的试验方案优化数学模型。

3.2.2.1 优化目标函数

假定 T_0 为产品的正常应力水平, T_k 为加速退化试验中第 k 个加速应力水平, T_M 为最高应力水平, $k=1,2,\cdots,M$ 。产品在 T_M 下的失效机理与在 T_0 下的失效机理最可能出现不一致的情况, 因此将 $\hat{A}_{M,0}$ 的渐进方差 $\mathrm{AVar}(\hat{A}_{M,0})$ 作为优化目标函数。$\hat{A}_{M,0}$ 的估计

公式为

$$\hat{A}_{M,0} = \exp\left[\frac{\hat{\gamma}_2}{\hat{\Lambda}}\left(\frac{T_M - T_0}{T_M T_0}\right)\right] \tag{3-27}$$

文献 [20] 指出如果试验数据的样本量较大，$\mathrm{AVar}(\hat{A}_{M,0})$ 的计算公式为

$$\mathrm{AVar}(\hat{A}_{M,0}) = (\nabla A_{M,0})' \, \boldsymbol{I}^{-1}(\hat{\boldsymbol{\Omega}}) \, (\nabla A_{M,0}) \tag{3-28}$$

式中，$\nabla A_{M,0}$ 表示 $A_{M,0}$ 的一阶偏导；$(\nabla A_{M,0})'$ 为 $\nabla A_{M,0}$ 的转置；$\boldsymbol{I}(\hat{\boldsymbol{\Omega}})$ 代表 $\hat{\boldsymbol{\Omega}}$ 的 Fisher 信息矩阵；$\boldsymbol{I}^{-1}(\hat{\boldsymbol{\Omega}})$ 为 $\boldsymbol{I}(\hat{\boldsymbol{\Omega}})$ 的逆矩阵。$(\nabla A_{M,0})'$ 的具体形式为

$$(\nabla A_{M,0})' = \left(\frac{\partial A_{M,0}}{\partial \gamma_1}, \frac{\partial A_{M,0}}{\partial \gamma_2}, \frac{\partial A_{M,0}}{\partial \gamma_3}, \frac{\partial A_{M,0}}{\partial \Lambda}\right) \tag{3-29}$$

式中

$$\frac{\partial A_{M,0}}{\partial \gamma_1} = 0$$

$$\frac{\partial A_{M,0}}{\partial \gamma_3} = 0$$

$$\frac{\partial A_{M,0}}{\partial \gamma_2} = \left(\frac{T_M - T_0}{T_M T_0 \hat{\Lambda}}\right) \exp\left[\frac{\hat{\gamma}_2}{\hat{\Lambda}}\left(\frac{T_M - T_0}{T_M T_0}\right)\right]$$

$$\frac{\partial A_{M,0}}{\partial \Lambda} = \frac{\hat{\gamma}_2}{\hat{\Lambda}^2}\left(\frac{T_0 - T_M}{T_M T_0}\right) \exp\left[\frac{\hat{\gamma}_2}{\hat{\Lambda}}\left(\frac{T_M - T_0}{T_M T_0}\right)\right]$$

$\boldsymbol{I}(\boldsymbol{\Omega})$ 的形式为

$$\boldsymbol{I}(\boldsymbol{\Omega}) = \begin{bmatrix} E\left(-\dfrac{\partial^2 L(\boldsymbol{\Omega})}{\partial \gamma_1 \partial \gamma_1}\right) & E\left(-\dfrac{\partial^2 L(\boldsymbol{\Omega})}{\partial \gamma_1 \partial \gamma_2}\right) & E\left(-\dfrac{\partial^2 L(\boldsymbol{\Omega})}{\partial \gamma_1 \partial \gamma_3}\right) & E\left(-\dfrac{\partial^2 L(\boldsymbol{\Omega})}{\partial \gamma_1 \partial \Lambda}\right) \\[2mm] E\left(-\dfrac{\partial^2 L(\boldsymbol{\Omega})}{\partial \gamma_2 \partial \gamma_1}\right) & E\left(-\dfrac{\partial^2 L(\boldsymbol{\Omega})}{\partial \gamma_2 \partial \gamma_2}\right) & E\left(-\dfrac{\partial^2 L(\boldsymbol{\Omega})}{\partial \gamma_2 \partial \gamma_3}\right) & E\left(-\dfrac{\partial^2 L(\boldsymbol{\Omega})}{\partial \gamma_2 \partial \Lambda}\right) \\[2mm] E\left(-\dfrac{\partial^2 L(\boldsymbol{\Omega})}{\partial \gamma_3 \partial \gamma_1}\right) & E\left(-\dfrac{\partial^2 L(\boldsymbol{\Omega})}{\partial \gamma_3 \partial \gamma_2}\right) & E\left(-\dfrac{\partial^2 L(\boldsymbol{\Omega})}{\partial \gamma_3 \partial \gamma_3}\right) & E\left(-\dfrac{\partial^2 L(\boldsymbol{\Omega})}{\partial \gamma_3 \partial \Lambda}\right) \\[2mm] E\left(-\dfrac{\partial^2 L(\boldsymbol{\Omega})}{\partial \Lambda \partial \gamma_1}\right) & E\left(-\dfrac{\partial^2 L(\boldsymbol{\Omega})}{\partial \Lambda \partial \gamma_2}\right) & E\left(-\dfrac{\partial^2 L(\boldsymbol{\Omega})}{\partial \Lambda \partial \gamma_3}\right) & E\left(-\dfrac{\partial^2 L(\boldsymbol{\Omega})}{\partial \Lambda \partial \Lambda}\right) \end{bmatrix}$$

式中，$E(\cdot)$ 表示数学期望。由 $\Delta y_{ijk} \sim N(\exp(\gamma_1 - \gamma_2/T_k)\Delta\Lambda_{ijk}, \, \exp(2\gamma_3 - \gamma_2/T_k)\Delta\Lambda_{ijk})$ 推导出

$$E\left[\Delta y_{ijk} - \exp\left(\gamma_1 - \frac{\gamma_2}{T_k}\right)\Delta\Lambda_{ijk}\right] = 0 \tag{3-30}$$

$$E\left[\left(\Delta y_{ijk} - \exp\left(\gamma_1 - \frac{\gamma_2}{T_k}\right)\Delta\Lambda_{ijk}\right)^2\right] = \exp\left(2\gamma_3 - \frac{\gamma_2}{T_k}\right)\Delta\Lambda_{ijk} \tag{3-31}$$

进而确定出 $\boldsymbol{I}(\boldsymbol{\Omega})$ 中的各项为

$$E\left(-\frac{\partial^2 L(\boldsymbol{\Omega})}{\partial \gamma_1 \partial \gamma_1}\right)=\sum_{k=1}^{M}\sum_{j=1}^{N}\sum_{i=1}^{H_k}\exp\left(2\gamma_1-2\gamma_3-\frac{\gamma_2}{T_k}\right)\Delta\Lambda_{ijk}$$

$$E\left(-\frac{\partial^2 L(\boldsymbol{\Omega})}{\partial \gamma_1 \partial \gamma_2}\right)=E\left(-\frac{\partial^2 L(\boldsymbol{\Omega})}{\partial \gamma_2 \partial \gamma_1}\right)=\sum_{k=1}^{M}\sum_{j=1}^{N}\sum_{i=1}^{H_k}-\frac{\Delta\Lambda_{ijk}}{T_k}\exp\left(2\gamma_1-2\gamma_3-\frac{\gamma_2}{T_k}\right)$$

$$E\left(-\frac{\partial^2 L(\boldsymbol{\Omega})}{\partial \gamma_1 \partial \gamma_3}\right)=E\left(-\frac{\partial^2 L(\boldsymbol{\Omega})}{\partial \gamma_3 \partial \gamma_1}\right)=0$$

$$E\left(-\frac{\partial^2 L(\boldsymbol{\Omega})}{\partial \gamma_1 \partial \Lambda}\right)=E\left(-\frac{\partial^2 L(\boldsymbol{\Omega})}{\partial \Lambda \partial \gamma_1}\right)=\sum_{k=1}^{M}\sum_{j=1}^{N}\sum_{i=1}^{H_k}\exp\left(2\gamma_1-2\gamma_3-\frac{\gamma_2}{T_k}\right)\frac{\partial\Delta\Lambda_{ijk}}{\partial \Lambda}$$

$$E\left(-\frac{\partial^2 L(\boldsymbol{\Omega})}{\partial \gamma_2 \partial \gamma_2}\right)=\sum_{k=1}^{M}\sum_{j=1}^{N}\sum_{i=1}^{H_k}\left[\frac{\exp(2\gamma_1-2\gamma_3-\gamma_2/T_k)\Delta\Lambda_{ijk}}{T_k^2}+\frac{1}{2T_k^2}\right]$$

$$E\left(-\frac{\partial^2 L(\boldsymbol{\Omega})}{\partial \gamma_2 \partial \gamma_3}\right)=E\left(-\frac{\partial^2 L(\boldsymbol{\Omega})}{\partial \gamma_3 \partial \gamma_2}\right)=\sum_{k=1}^{M}\sum_{j=1}^{N}\sum_{i=1}^{H_k}\frac{1}{T_k}$$

$$E\left(-\frac{\partial^2 L(\boldsymbol{\Omega})}{\partial \gamma_2 \partial \Lambda}\right)=E\left(-\frac{\partial^2 L(\boldsymbol{\Omega})}{\partial \Lambda \partial \gamma_2}\right)$$
$$=-\frac{1}{2}\sum_{k=1}^{M}\sum_{j=1}^{N}\sum_{i=1}^{H_k}\left[\frac{2\exp(2\gamma_1-2\gamma_3-\gamma_2/T_k)}{T_k}+\frac{1}{T_k\Delta\Lambda_{ijk}}\right]\frac{\partial\Delta\Lambda_{ijk}}{\partial \Lambda}$$

$$E\left(-\frac{\partial^2 L(\boldsymbol{\Omega})}{\partial \gamma_3 \partial \gamma_3}\right)=2$$

$$E\left(-\frac{\partial^2 L(\boldsymbol{\Omega})}{\partial \gamma_3 \partial \Lambda}\right)=E\left(-\frac{\partial^2 L(\boldsymbol{\Omega})}{\partial \Lambda \partial \gamma_3}\right)=\sum_{k=1}^{M}\sum_{j=1}^{N}\sum_{i=1}^{H_k}\frac{1}{\Delta\Lambda_{ijk}}\frac{\partial\Delta\Lambda_{ijk}}{\partial \Lambda}$$

$$E\left(-\frac{\partial^2 L(\boldsymbol{\Omega})}{\partial \Lambda \partial \Lambda}\right)=\frac{1}{2}\sum_{k=1}^{M}\sum_{j=1}^{N}\sum_{i=1}^{H_k}\frac{1}{\Delta\Lambda_{ijk}}\left(\frac{\partial\Delta\Lambda_{ijk}}{\partial \Lambda}\right)^2\left[2\exp\left(2\gamma_1-2\gamma_3-\frac{\gamma_2}{T_k}\right)+\frac{1}{\Delta\Lambda_{ijk}}\right]$$

其中

$$\Delta\Lambda_{ijk}=t_{ijk}^{\Lambda}-t_{(i-1)jk}^{\Lambda}\ ,\ \frac{\partial\Delta\Lambda_{ijk}}{\partial \Lambda}=t_{ijk}^{\Lambda}\ln t_{ijk}-t_{(i-1)jk}^{\Lambda}\ln t_{(i-1)jk}$$

3.2.2.2　方案优化的数学模型

试验方案的各相关因素包括：加速应力数量、加速应力大小、试验样本量、各加速应力下的样品数量、测量次数、测量间隔等，这些相关因素为方案优化数学模型中的决策变量。为了建立加速应力可靠性评定试验的方案优化数学模型，将试验样本量 N^*、测量频率 f^*、各加速应力 T_k 下的测量次数 H_k^* 作为决策变量，$k=1,2,\cdots,M$，试验方案记为 Plan$=\{N^*,f^*,H_1^*,\cdots,H_M^*\}$，Plan 中各决策变量的取值直接影响加速系数估计值的渐进方差 AVar$(\hat{A}_{M,0})$ 大小。

加速应力可靠性评定试验的总费用 TC 由以下 3 部分费用构成：1）试验样品的消耗费 C_1N^*，其中 C_1 为样品单价；2）试验测试费用 $C_2N^*\sum_{k=1}^{M}H_k^*$，其中 C_2 为测量一次性能退化所需的平均费用；3）其他费用 $C_3f^*\sum_{k=1}^{M}H_k^*$，包括加速试验设备折旧费、试验人力费、试验辅助用品消耗费、电力油料消耗费等，其中 C_3 为单位时间内的平均费用，

$f^* \sum_{k=1}^{M} H_k^*$ 为总试验时间。基于以上分析，加速应力可靠性评定试验的总费用 TC 为

$$TC(\text{Plan}) = C_1 N^* + C_2 N^* \sum_{k=1}^{M} H_k^* + C_3 f^* \sum_{k=1}^{M} H_k^* \qquad (3-32)$$

在最高允许试验费用 C_b 的约束下构建加速应力可靠性评定试验的方案优化数学模型为

$$\min \text{AVar}(\hat{A}_{M,0} \mid \text{Plan})$$
$$s.t. \begin{cases} TC(\text{Plan}) \leqslant C_b \\ f^*, N^*, H_k^* \geqslant 1 \end{cases} \qquad (3-33)$$

3.2.3 试验方案优化的数学模型解析

为了高效解析方案优化的数学模型并获取最优试验方案，设计了一种程序化的组合算法，由如下 3 部分组成：

1）在不超出最高允许费用的限制下，找出可能为最优方案的决策变量组合；

2）针对每组决策变量值，分别计算出对应的 $\text{AVar}(\hat{A}_{M,0})$；

3）找出最小 $\text{AVar}(\hat{A}_{M,0})$ 对应的决策变量组合，确定出最优试验方案。

采用 MATLAB 软件设计了程序化的组合算法，流程图如图 3-1 所示。

图 3-1 中，函数 ceil(x) 的作用是得出与 x 最接近的最小整数值，函数 size(Plan，1) 用于确定可能的最优试验方案数量。根据工程经验，总费用 TC 很接近最高允许费用 C_b 的试验方案才可能为最优试验方案，据此加强约束条件为 $0.9 * C_b \leqslant TC \leqslant C_b$，以缩小最优方案的遴选范围。

3.2.4 案例应用

某型电连接器主要由 3 部分构成：接插件、绝缘机构、壳体，其中接插件是电连接器的功能核心与薄弱环节。接插件接触电阻增大是导致电连接器发生退化失效的最主要因素，接插件接触电阻增大几毫欧就可能造成传输中断、电路误触发等失效。影响接触电阻退化速率的敏感环境应力为温度，高温能够促使接插件表面发生氧化反应，接插件接触电阻值由于氧化物的不断累积而逐渐增大，最终发生退化失效。

3.2.4.1 加速退化建模与参数估计

为了评定此型电连接器的可靠性，开展了步进温度加速应力可靠性评定试验，具体试验信息为：试验前测量出每个样品的接触电阻初始值，将试验中的接触电阻测量值与初始值之差 y 选为性能退化量，当 y 达到 $D = 5$ mΩ 时发生退化失效；加速温度应力从低到高依次为 $T_1 = 343.16$ K，$T_2 = 358.16$ K，$T_3 = 373.16$ K；试验样本量为 25，对所有样品的接触电阻值每隔 48 h 同步测量一次，在 T_1 与 T_2 下分别进行了 5 次测量，在 T_3 下共进行了 8 次测量。接触电阻的加速退化数据如图 3-2 所示。

产品的正常温度水平为 $T_0 = 313.16$ K，利用 Wiener-Arrhenius 加速退化模型拟合

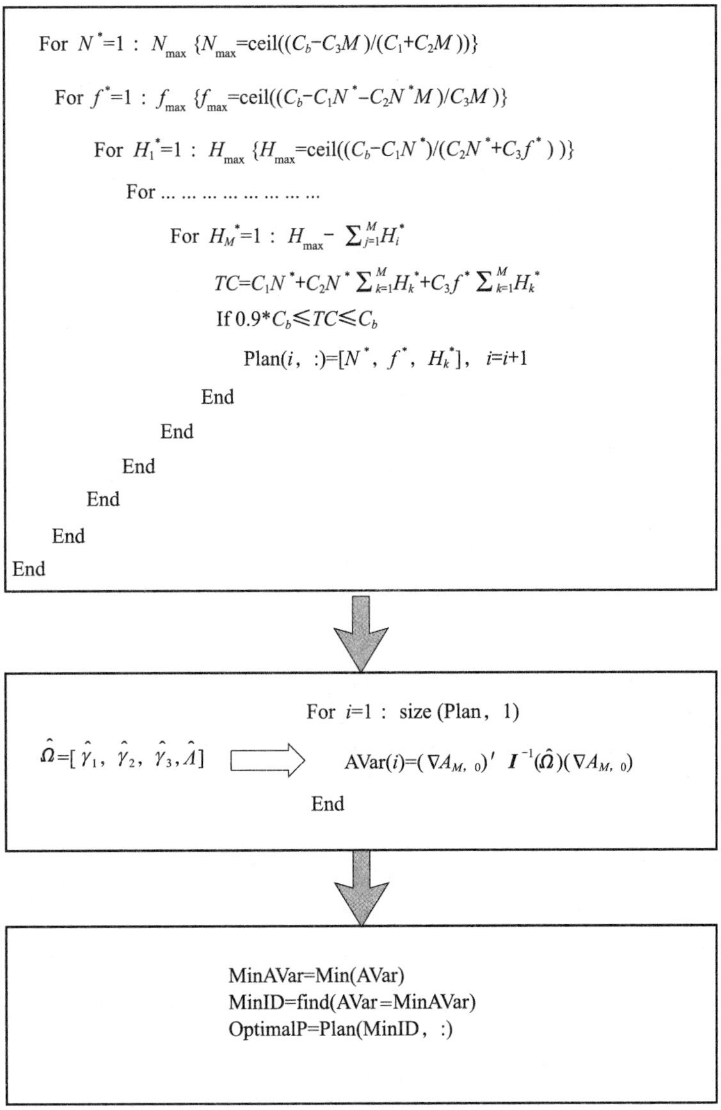

For $N^* = 1 : N_{max}$ $\{N_{max} = \text{ceil}((C_b - C_3 M)/(C_1 + C_2 M))\}$

　For $f^* = 1 : f_{max}$ $\{f_{max} = \text{ceil}((C_b - C_1 N^* - C_2 N^* M)/C_3 M)\}$

　　For $H_1^* = 1 : H_{max}$ $\{H_{max} = \text{ceil}((C_b - C_1 N^*)/(C_2 N^* + C_3 f^*))\}$

　　　For … … … … … … …

　　　　For $H_M^* = 1 : H_{max} - \sum_{j=1}^{M} H_i^*$

　　　　$TC = C_1 N^* + C_2 N^* \sum_{k=1}^{M} H_k^* + C_3 f^* \sum_{k=1}^{M} H_k^*$

　　　　If $0.9 * C_b \leqslant TC \leqslant C_b$

　　　　　$\text{Plan}(i, :) = [N^*, f^*, H_k^*]$, $i = i+1$

　　　　End

　　　End

　　End

　End

End

End

　　　　　For $i = 1 : \text{size}(\text{Plan}, 1)$

$\hat{\Omega} = [\hat{\gamma}_1, \hat{\gamma}_2, \hat{\gamma}_3, \hat{\Lambda}]$ ⟹ 　$\text{AVar}(i) = (\nabla A_{M, 0})' \, I^{-1}(\hat{\Omega})(\nabla A_{M, 0})$

　　　　　End

MinAVar = Min(AVar)
MinID = find(AVar = MinAVar)
OptimalP = Plan(MinID, :)

图 3 - 1　程序化组合算法的流程图

接触电阻加速退化数据，通过极大似然法获得加速退化模型各参数的估计值为 $\hat{\Omega} = (13.375, 3\,998.918, 5.358, 0.526)$。如果接触电阻的加速退化过程服从 Wiener - Arrhenius 加速退化模型，以下关系式应该成立

$$z_{ijk} = \frac{\Delta y_{ijk} - \exp(\hat{\gamma}_1 - \hat{\gamma}_2/T_k)\,\Delta \Lambda_{ijk}}{\sqrt{\exp(2\hat{\gamma}_3 - \hat{\gamma}_2/T_k)\,\Delta \Lambda_{ijk}}} \sim N(0,1)$$

在显著性水平 $\alpha = 0.05$ 的条件下采用 Kolmogorov - Smirnov 法对上式是否成立进行假设检验，验证出接触电阻退化数据服从 Wiener - Arrhenius 加速退化模型。

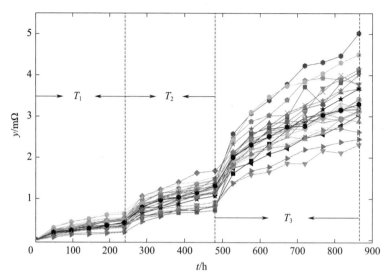

图 3 - 2　接触电阻的加速退化数据（见彩插）

3.2.4.2　试验方案优化设计

此型电连接器试验样品的单价为 $C_1 = 200$ 元，测量一次性能退化所需的平均费用为 $C_2 = 100$ 元，单位时间内的加速试验设备折旧费、试验人力费、试验辅助用品消耗费、电力油料消耗费为 $C_3 = 500$ 元，其中单位时间为 24 h，根据以上信息计算出试验总费用为 $TC = 68\,000$ 元。

设试验最高允许费用为 $C_b = 68\,000$ 元，构建加速应力可靠性试验的方案优化数学模型。利用图 3 - 1 中所示的程序化组合算法获得最优试验方案的各决策变量值为 $N^* = 28$，$f^* = 4$，$H_1^* = 5$，$H_2^* = 2$，$H_3^* = 6$，此最优方案对应的加速系数估计值渐进方差为 $\mathrm{AVar}(\hat{A}_{M,0}) = 60.95$。将表 3 - 1 中列出的传统试验方案各试验因素代入式（3 - 28）计算出对应的加速系数估计值渐进方差为 $\mathrm{AVar}(\hat{A}_{M,0}) = 69.32$。通过比较两个方案对应的 $\mathrm{AVar}(\hat{A}_{M,0})$，得知表 3 - 1 中的最优方案与传统方案相比，效费比提高了。

表 3 - 1　最优试验方案与传统试验方案

方案	决策变量					优化目标
	N^*	f^*	H_1^*	H_2^*	H_3^*	$\mathrm{AVar}(\hat{A}_{M,0})$
传统方案	25	2	5	5	8	69.32
最优方案	28	4	5	2	6	60.95

将试验最高允许费用 C_b 设为表 3 - 2 中的不同值，其他试验因素不变，分别获取了各最优试验方案。各最优方案对应的决策变量值与 $\mathrm{AVar}(\hat{A}_{M,0})$ 见表 3 - 2。随着 C_b 的减小，$\mathrm{AVar}(\hat{A}_{M,0})$ 具有明显的单调递增趋势，但各决策变量值无单调变化趋势。

表 3 - 2　不同最高允许试验费用约束下的最优试验方案

C_b	决策变量					优化目标
	N^*	f^*	H_1^*	H_2^*	H_3^*	$AVar(\hat{A}_{M,0})$
68 000	28	4	5	2	6	60.95
60 000	30	3	5	2	5	65.87
50 000	25	4	4	2	4	73.40
40 000	18	3	4	3	4	84.02
30 000	15	3	3	2	4	97.27

3.2.4.3　优化模型对参数值偏差的容错能力

理想情况下，应该基于加速退化模型的真实参数值构建试验方案优化的数学模型，但模型参数真实值是无法确定的，只能利用模型参数估计值代替。如果模型参数估计值与真实值存在较小偏差就会导致最优试验方案改变，则说明构建的方案优化数学模型对参数值偏差的容错能力低，不具备工程应用价值。设备参数估计值 $\hat{\gamma}_1$、$\hat{\gamma}_2$、$\hat{\gamma}_3$、$\hat{\Lambda}$ 与真实值的百分比偏差分别为 ε_1、ε_2、ε_3、ε_4，取 ε_1、ε_2、ε_3、ε_4 值为表 3 - 3 中的不同组合，在 $C_b =$ 68 000 元的约束下获取各最优试验方案见表 3 - 3。根据表中数据，参数估计值与真实值的百分比偏差不高于 ±5% 时，获得的最优试验方案基本一样，这说明构建的试验方案优化数学模型对参数估计值偏差具有一定的容错能力，所提优化设计方法具备工程应用价值。

表 3 - 3　不同参数值偏差下的最优试验方案

百分比偏差				最优试验方案				
ε_1	ε_2	ε_3	ε_4	N^*	f^*	H_1^*	H_2^*	H_3^*
5%	5%	0	0	28	4	5	2	6
5%	5%	5%	0	28	4	5	2	6
5%	5%	5%	5%	25	4	5	3	6
0	0	5%	5%	28	4	5	2	6
0	0	0	5%	28	4	5	2	6
0	5%	5%	5%	28	4	5	2	6
−5%	−5%	−5%	−5%	29	3	5	3	6
−5%	5%	5%	−5%	28	4	5	3	5
−5%	−5%	5%	5%	28	4	5	3	5

3.2.5　结果分析

1）加速系数不变原则不仅为推导加速系数表达式提供了一种有效方法，而且为准确建立加速退化模型提供了一种可行途径，避免了依据假定建立加速退化模型所引入的风险。

2）将最小化加速系数估计值的渐进方差作为优化准则具有先进性与可行性，所建立的方案优化数学模型对于参数值偏差具有一定的容错能力，具备较好的工程实用价值。

　　3）本书基于 Wiener‐Arrhenius 加速退化模型提出了试验方案优化设计方法，此设计思路容易推广应用于其他加速退化模型。

3.3　加速应力可靠性验收试验优化设计方法

3.3.1　问题描述

　　装备生产商交付给军方的装备应该满足预先规定的可靠性要求，可靠性验收试验用于检验装备可靠性是否达到预定要求。可靠性验收试验通常由第三方试验机构实施，通过对批次交付的产品进行随机抽样选取试验样品，最终给出军方是否应该接受该批次产品的结论。

　　军方从生产商那里订购了某型惯导系统精密电阻，生产商定期向军方交付一批产品。交付产品的质量应符合生产商和军方协商的预先规定的要求，此型精密电阻质量要求是不少于 99% 的产品能够无故障工作 10 000 h。第三方试验机构开展精密电阻可靠性验收试验的传统做法为：从批次产品中随机抽取一定数量的样品，在常应力水平下试验 10 000 h 后终止试验，统计故障样本的比例从而验证产品可靠度是否不低于 99%。在这种传统可靠性验收试验中，样本量应该不小于 100，否则当试验中出现零失效情况时，军方接受此批次产品具有一定风险。

　　目前，基于性能退化数据的可靠性评定方法已经得到了广泛的研究，在此基础上出现了一种基于退化数据分析的可靠性验收试验方法。这种可靠性验收试验方式可看作一种定时截尾的性能退化试验，整个试验过程中需要多次测量样品的性能退化数据，通过对性能退化数据进行统计分析从而建立产品的可靠性模型并评定出样品在第 10 000 h 的可靠度，如图 3‐3 所示。

　　如果评定出的可靠度不低于 99%，则认为该批次产品符合质量要求。与基于失效时间数据的传统可靠性验收方法相比，这种可靠性验收试验的优势在于可以降低试验样品量，能够节省试验成本，然而，并没有缩短试验时间。为了进一步缩短试验时间，可考虑提升此种可靠性验收试验的应力水平，因为产品在高应力水平下的退化率远大于常应力水平下的退化率。这种被提升了试验应力水平的可靠性验收试验可称之为加速应力可靠性验收试验，虽然它具有高效率优势，但是需要应对传统可靠性验收试验毋须考虑的问题：产品在加速应力水平下没有预先规定的质量要求。为解决此问题，需要将产品在常应力下的质量要求等效转换为加速应力下的质量要求。设 T_L 为正常温度应力水平，T_H 是开展加速应力可靠性验收试验的应力水平，产品已有的质量要求为不低于 99% 的批次产品可以在 T_L 下无故障工作 10 000 h，等效转换的质量要求为不低于 99% 的批次产品可以在 T_H 下无故障工作 t_H h。t_H 是加速应力可靠性验收试验的试验截止时间，为了确定出 t_H 值，以下引入了加速系数的概念。

　　设 $F_L(t_L)$、$F_H(t_H)$ 分别为 T_L、T_H 下产品在 t_L、t_H 时刻的累积失效概率，如果

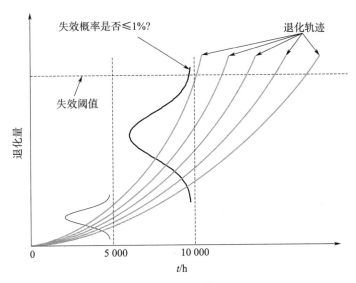

图 3 - 3　基于退化数据分析的可靠性验收试验

$F_H(t_H) = F_L(t_L)$，则将 T_H 相对于 T_L 的加速系数定义为

$$A_{H,L} = t_L/t_H \qquad\qquad (3-34)$$

加速应力可靠性验收试验的截止时间估计值 $\hat{t}_H$ 可通过 $\hat{t}_H = t_L / \hat{A}_{H,L}$ 计算得出，其中 $t_L = 10\,000$。$\hat{t}_H$ 的准确性对于设计一个优良的试验方案尤为重要，根据工程经验，$\hat{t}_H$ 的渐进方差 $\mathrm{AVar}(\hat{t}_H)$ 大小能够表征 $\hat{t}_H$ 的准确性，$\mathrm{AVar}(\hat{t}_H)$ 越小意味着 $\hat{t}_H$ 越精确。因此，将具有最小 $\mathrm{AVar}(\hat{t}_H)$ 的加速应力可靠性验收试验方案视为最优方案，方案优化设计的任务是确定如何设置决策变量以得到最小的 $\mathrm{AVar}(\hat{t}_H)$。

3.3.2　加速应力可靠性验收试验的截止时间

本节基于 Inverse Gaussian 退化模型与 Arrhenius 加速模型建立一种估计 $\hat{t}_H$ 的方法。

3.3.2.1　Inverse Gaussian 退化模型

与 Gamma 过程类似，Inverse Gaussian 用于对严格单调退化数据建模。如果产品的退化过程 $\{Y(t), t \geqslant 0\}$ 服从 Inverse Gaussian 过程，则 $Y(t)$ 应该满足以下性质：

1）$Y(t)$ 在 $t = 0$ 处连续，并且 $Y(0) = 0$；

2）对于 $0 \leqslant t_1 < t_2 \leqslant t_3 < t_4$，$Y(t_2) - Y(t_1)$ 与 $Y(t_4) - Y(t_3)$ 互相独立，也就是说 $Y(t)$ 具有独立增量；

3）性能退化增量 $\Delta Y(t) = Y(t + \Delta t) - Y(t)$ 服从如下形式的 Inverse Gaussian 分布 $\Delta Y(t) \sim \mathrm{IG}(\mu \Delta \Lambda(t),\ \lambda \Delta \Lambda^2(t))$，其中，$\mu$ 为均值参数；λ 为尺度参数；$\Lambda(t)$ 为时间函数；$\Delta \Lambda(t) = \Lambda(t + \Delta t) - \Lambda(t)$ 表示时间增量。

从 Inverse Gaussian 过程的表达式 $Y(t) \sim \mathrm{IG}(\mu \Lambda(t),\ \lambda \Lambda^2(t))$ 可推导得出 $Y(t)$ 的密度函数及分布函数

$$f(Y) = \sqrt{\frac{\lambda \Lambda^2(t)}{2\pi Y^3}} \exp\left[-\frac{\lambda}{2Y}\left(\frac{Y}{\mu} - \Lambda(t)\right)^2\right] \tag{3-35}$$

$$F(Y) = \Phi\left(\sqrt{\frac{\lambda}{Y}}\left(\frac{Y}{\mu} - \Lambda(t)\right)\right) + \exp\left(\frac{2\lambda\Lambda(t)}{\mu}\right)\Phi\left(-\sqrt{\frac{\lambda}{Y}}\left(\frac{Y}{\mu} + \Lambda(t)\right)\right) \tag{3-36}$$

式中，$\Phi(\cdot)$ 表示标准 Normal 分布的累积分布函数。设 $Y(t)$ 的失效阈值为 D ，将产品失效时间 ξ 定义为 $Y(t)$ 首次达到 D 的时刻，记为 $\xi = \inf\{t \mid Y(t) \geqslant D\}$ 。ξ 的累积分布函数可由式（3-36）推导出，如

$$F_\xi(t) = \Pr(\xi \leqslant t) = \Pr(Y(t) \geqslant D)$$
$$= \Phi\left(\sqrt{\frac{\lambda}{D}}\left(\Lambda(t) - \frac{D}{\mu}\right)\right) - \exp\left(\frac{2\lambda\Lambda(t)}{\mu}\right)\Phi\left(-\sqrt{\frac{\lambda}{D}}\left(\frac{D}{\mu} + \Lambda(t)\right)\right) \tag{3-37}$$

对于 Inverse Gaussian 退化模型，无法得到 p 分位寿命值的闭环解析式，Wang 和 Xu[200] 指出当 $\mu\Lambda(t)$ 足够大时，$Y(t)$ 近似服从 Normal 分布 $N(\mu\Lambda(t), \mu^3\Lambda(t)/\lambda)$ ，据此可得到近似的 $F_\xi(t)$ 为

$$F_\xi(t) \approx \Phi\left(\frac{\mu\Lambda(t) - D}{\sqrt{\mu^3\Lambda(t)/\lambda}}\right) \tag{3-38}$$

进而从上式中推导出 p 分位寿命值的一个近似解析式为

$$\xi_p \approx \Lambda^{-1}\left(\frac{\mu}{4\lambda}\left(z_p + \sqrt{z_p^2 + 4D\lambda/\mu^2}\right)^2\right) \tag{3-39}$$

式中，z_p 为标准 Normal 分布的 p 分位数；$\Lambda^{-1}(\cdot)$ 为时间函数 $\Lambda(\cdot)$ 的逆函数。

3.3.2.2　加速系数表达式

当 Inverse Gaussian 过程被用于加速退化数据建模时，通常假定 μ 与加速应力相关，但 λ 与加速应力无关，如 Wang 和 Xu[200]，Peng[150]，Ye 等[201]。根据此假定，Inverse Gaussian 过程的加速系数只由 μ 所决定。为了更为科学地确定加速系数表达式，采用加速系数不变原则推导出模型中的哪个参数与加速应力相关。加速系数不变原则是指加速系数应该是一个与试验时间无关的常数，否则加速系数就失去了工程应用性[199,202]。根据加速系数不变原则，对于任意 t_L、$t_H > 0$，下式应该恒成立

$$F_H(t_H) = F_L(A_{H,L}t_H) \tag{3-40}$$

将由 Inverse Gaussian 过程获取的累积分布函数代入上式，得

$$\Phi\left(\sqrt{\frac{\lambda_H}{D}}\left(\Lambda(t_H) - \frac{D}{\mu_H}\right)\right) - \exp\left(\frac{2\lambda_H\Lambda(t_H)}{\mu_H}\right)\Phi\left(-\sqrt{\frac{\lambda_H}{D}}\left(\frac{D}{\mu_H} + \Lambda(t_H)\right)\right)$$
$$= \Phi\left(\sqrt{\frac{\lambda_L}{D}}\left(\Lambda(A_{H,L}t_H) - \frac{D}{\mu_L}\right)\right) - \exp\left(\frac{2\lambda_L\Lambda(A_{H,L}t_H)}{\mu_L}\right)\Phi\left(-\sqrt{\frac{\lambda_L}{D}}\left(\frac{D}{\mu_L} + \Lambda(A_{H,L}t_H)\right)\right) \tag{3-41}$$

将时间函数的具体形式设为 $\Lambda(t) = t^r$ 。为了保证式（3-41）能够对于任何 t_H 取值恒成立，需要满足以下关系式

$$\begin{cases} \sqrt{\dfrac{\lambda_H}{D}}\left(t_H^{r_H}-\dfrac{D}{\mu_H}\right)=\sqrt{\dfrac{\lambda_L}{D}}\left((A_{H,L}t_H)^{r_L}-\dfrac{D}{\mu_L}\right) \\[3mm] \dfrac{2\lambda_H t_H^{r_H}}{\mu_H}=\dfrac{2\lambda_L\,(A_{H,L}t_H)^{r_L}}{\mu_L} \\[3mm] -\sqrt{\dfrac{\lambda_H}{D}}\left(\dfrac{D}{\mu_H}+t_H^{r_H}\right)=-\sqrt{\dfrac{\lambda_L}{D}}\left(\dfrac{D}{\mu_L}+(A_{H,L}t_H)^{r_L}\right) \end{cases} \quad (3-42)$$

从式（3-42）推导出加速系数表达式为

$$A_{H,L}=\left(\frac{\mu_H}{\mu_L}\right)^{\frac{1}{r_H}}=\left(\frac{\lambda_H}{\lambda_L}\right)^{\frac{0.5}{r_H}},\ r_H=r_L \qquad (3-43)$$

式（3-43）表明 Inverse Gaussian 退化模型中的均值参数 μ 与尺度参数 λ 都与加速应力相关，但时间参数 r 与加速应力无关。此外，μ 与 λ 应满足比例变化关系。

3.3.2.3　截止时间计算方法

根据式（3-43），在利用 T_H 下退化数据估计出 $\hat{\boldsymbol{\Omega}}_H=(\hat{\mu}_H,\ \hat{\lambda}_H,\ \hat{r}_H)$，利用 T_L 下退化数据估计出 $\hat{\boldsymbol{\Omega}}_L=(\hat{\mu}_L,\ \hat{\lambda}_L,\ \hat{r}_L)$ 后，即可计算出加速系数 $\hat{A}_{H,L}$。然而，由于性能退化测量数据中不可避免存在测量误差，导致参数估计值未必严格满足式（3-43）中的比例关系。为了减小测量误差的影响，引入加速模型一体化估计出未知参数值，更为精确地计算出加速系数。

假定采用 Arrhenius 方程作为加速模型，因为 μ、λ 与加速应力相关而 r 与加速应力无关，各参数的加速模型建立为

$$\mu(T)=\exp(\eta_1-\eta_2/T) \qquad (3-44)$$

$$\lambda(T)=\exp(\eta_3-\eta_4/T) \qquad (3-45)$$

$$r(T)=r \qquad (3-46)$$

式中，η_1、η_2、η_3、η_4、r 为待估系数；T 表示绝对温度。

将 $\mu(T_k)$、$\lambda(T_k)$ 分别记为 μ_k、λ_k，其中 $k=L$、H。根据加速系数不变原则，μ_k、λ_k 应该满足式（3-43）规定的比例变化关系，据此推导出 $\eta_4=2\eta_2$，μ 与 λ 的加速模型确定为

$$\mu_k=\exp(\eta_1-\eta_2/T_k) \qquad (3-47)$$

$$\lambda_k=\exp(\eta_3-2\eta_2/T_k) \qquad (3-48)$$

建立加速退化模型为 $Y(t;\ T_k)\sim \mathrm{IG}(\exp(\eta_1-\eta_2/T_k)t^r,\ \exp(\eta_3-2\eta_2/T_k)t^{2r})$。将 μ_k、λ_k、r_k 的加速模型代入式（3-43），得到加速系数 $A_{H,L}$ 的表达式为

$$A_{H,L}=\left[\frac{\exp(\eta_1-\eta_2/T_H)}{\exp(\eta_1-\eta_2/T_L)}\right]^{\frac{1}{r}}=\left[\frac{\exp(\eta_3-2\eta_2/T_H)}{\exp(\eta_3-2\eta_2/T_L)}\right]^{\frac{0.5}{r}}=\exp\left[\frac{\eta_2}{r}\left(\frac{T_H-T_L}{T_H T_L}\right)\right]$$
$$(3-49)$$

加速应力可靠性验收试验的截止时间 t_H 可通过下式计算出

$$t_H=\frac{t_L}{A_{H,L}}=t_L\exp\left[\frac{\eta_2}{r}\left(\frac{T_L-T_H}{T_H T_L}\right)\right] \qquad (3-50)$$

为了计算 $\hat{t}_H$，需要估计出 η_2、r 值。设 y_{ijk} 表示 T_k 下第 j 个产品的 i 个退化测量值；t_{ijk} 表示对应的测量时刻；$\Delta y_{ijk} = y_{ijk} - y_{(i-1)jk}$ 表示退化增量；$\Delta\Lambda_{ijk} = t^r_{ijk} - t^r_{(i-1)jk}$ 表示时间增量，其中 $k = 1, 2, \cdots, B$；$j = 1, 2, \cdots, N_k$；$i = 1, 2, \cdots, M_k$。根据 Inverse Gaussian 过程的统计特性，$\Delta y_{ijk} \sim IG(\exp(\eta_1 - \eta_2/T_k)\Delta\Lambda_{ijk}, \exp(\eta_3 - 2\eta_2/T_k)\Delta\Lambda^2_{ijk})$，据此建立如下融合所有加速退化数据的似然方程

$$L(\boldsymbol{\theta}) = \prod_{k=1}^{B}\prod_{j=1}^{N_k}\prod_{i=1}^{M_k}\sqrt{\frac{\exp(\eta_3 - 2\eta_2/T_k)\Delta\Lambda^2_{ijk}}{2\pi\Delta y^3_{ijk}}} \cdot$$

$$\exp\left[-\frac{\exp(\eta_3 - 2\eta_2/T_k)}{2\Delta y_{ijk}}\left(\frac{\Delta y_{ijk}}{\exp(\eta_1 - \eta_2/T_k)} - \Delta\Lambda_{ijk}\right)^2\right] \quad (3-51)$$

式中，$\boldsymbol{\theta} = (\eta_1, \eta_2, \eta_3, r)$ 为待估系数向量。上式的对数似然函数为

$$\ln L(\boldsymbol{\theta}) = \frac{\eta_3}{2}\sum_{k=1}^{B}N_kM_k - \eta_2\sum_{k=1}^{B}\frac{N_kM_k}{T_k} + \sum_{k=1}^{B}\sum_{j=1}^{N_k}\sum_{i=1}^{M_k}\ln\Delta\Lambda_{ijk} - \frac{\ln(2\pi)}{2}\sum_{k=1}^{B}N_kM_k -$$

$$\frac{3}{2}\sum_{k=1}^{B}\sum_{j=1}^{N_k}\sum_{i=1}^{M_k}\ln\Delta y_{ijk} - \sum_{k=1}^{B}\sum_{j=1}^{N_k}\sum_{i=1}^{M_k}\frac{\exp(\eta_3 - 2\eta_2/T_k)}{2\Delta y_{ijk}}\left[\Delta y_{ijk}\exp\left(-\eta_1 + \frac{\eta_2}{T_k}\right) - \Delta\Lambda_{ijk}\right]^2$$

$$(3-52)$$

待估系数向量 $\boldsymbol{\theta}$ 中各项的偏导数为

$$\frac{\partial L(\boldsymbol{\theta})}{\partial\eta_1} = \sum_{k=1}^{B}\sum_{j=1}^{N_k}\sum_{i=1}^{M_k}\exp\left(\eta_3 - \eta_1 - \frac{\eta_2}{T_k}\right)\left[\Delta y_{ijk}\exp\left(-\eta_1 + \frac{\eta_2}{T_k}\right) - t^r_{ijk} + t^r_{(i-1)jk}\right]$$

$$(3-53)$$

$$\frac{\partial L(\boldsymbol{\theta})}{\partial\eta_2} = -\sum_{k=1}^{B}\frac{N_kM_k}{T_k} + \sum_{k=1}^{B}\sum_{j=1}^{N_k}\sum_{i=1}^{M_k}\frac{\exp(\eta_3 - 2\eta_2/T_k)}{\Delta y_{ijk}T_k} \cdot$$

$$\left[\Delta y_{ijk}\exp\left(-\eta_1 + \frac{\eta_2}{T_k}\right) - t^r_{ijk} + t^r_{(i-1)jk}\right]^2 - \sum_{k=1}^{B}\sum_{j=1}^{N_k}\sum_{i=1}^{M_k}\frac{\exp(\eta_3 - \eta_1 - \eta_2/T_k)}{T_k} \cdot$$

$$\left[\Delta y_{ijk}\exp\left(-\eta_1 + \frac{\eta_2}{T_k}\right) - t^r_{ijk} + t^r_{(i-1)jk}\right]$$

$$(3-54)$$

$$\frac{\partial L(\boldsymbol{\theta})}{\partial\eta_3} = \frac{1}{2}\sum_{k=1}^{B}N_kM_k - \sum_{k=1}^{B}\sum_{j=1}^{N_k}\sum_{i=1}^{M_k}\frac{\exp(\eta_3 - 2\eta_2/T_k)}{2\Delta y_{ijk}} \cdot$$

$$\left[\Delta y_{ijk}\exp\left(-\eta_1 + \frac{\eta_2}{T_k}\right) - t^r_{ijk} + t^r_{(i-1)jk}\right]^2 \quad (3-55)$$

$$\frac{\partial L(\boldsymbol{\theta})}{\partial r} = \sum_{k=1}^{B}\sum_{j=1}^{N_k}\sum_{i=1}^{M_k}\frac{t^r_{ijk}\ln t_{ijk} - t^r_{(i-1)jk}\ln t_{(i-1)jk}}{t^r_{ijk} - t^r_{(i-1)jk}} + \frac{\exp(\eta_3 - 2\eta_2/T_k)}{\Delta y_{ijk}} \cdot$$

$$\left[\Delta y_{ijk}\exp\left(-\eta_1 + \frac{\eta_2}{T_k}\right) - t^r_{ijk} + t^r_{(i-1)jk}\right](t^r_{ijk}\ln t_{ijk} - t^r_{(i-1)jk}\ln t_{(i-1)jk})$$

$$(3-56)$$

联合求解偏导方程可获得未知系数的极大似然估计值 $\hat{\boldsymbol{\theta}} = (\hat{\eta}_1, \hat{\eta}_2, \hat{\eta}_3, \hat{r})$，由于偏导方程较为复杂，需要采用 Newton – Raphson 递归迭代方法求解，可利用 MATLAB 软

件编程实现。

3.3.3　构建加速应力可靠性验收试验的方案优化模型

3.3.3.1　加速应力下试验截止时间的渐进方差表达式

根据 Delta 法[203,204]，t_H 的渐进方差 $\mathrm{AVar}(t_H)$ 可通过下式计算得出

$$\mathrm{AVar}(t_H) = (\nabla t_H)' \, \boldsymbol{I}^{-1}(\hat{\boldsymbol{\theta}}) \, (\nabla t_H) \qquad (3-57)$$

式中，∇t_H 表示 t_H 的一次偏导；$(\nabla t_H)'$ 表示 ∇t_H 的转置；$\boldsymbol{I}^{-1}(\hat{\boldsymbol{\theta}})$ 表示 Fisher 信息矩阵 $\boldsymbol{I}(\hat{\boldsymbol{\theta}})$ 的逆矩阵。$(\nabla t_H)'$ 的表达式为

$$(\nabla t_H)' = \left(\frac{\partial t_H}{\partial \eta_1}, \frac{\partial t_H}{\partial \eta_2}, \frac{\partial t_H}{\partial \eta_3}, \frac{\partial t_H}{\partial r} \right) \qquad (3-58)$$

式中

$$\frac{\partial t_H}{\partial \eta_2} = \frac{t_L}{\hat{r}} \left(\frac{T_L - T_H}{T_H T_L} \right) \exp\left[\frac{\hat{\eta}_2}{\hat{r}} \left(\frac{T_L - T_H}{T_H T_L} \right) \right] \qquad (3-59)$$

$$\frac{\partial t_H}{\partial r} = -\frac{\hat{\eta}_2 t_L}{\hat{r}^2} \left(\frac{T_L - T_H}{T_H T_L} \right) \exp\left[\frac{\hat{\eta}_2}{\hat{r}} \left(\frac{T_L - T_H}{T_H T_L} \right) \right] \qquad (3-60)$$

$$\frac{\partial t_H}{\partial \eta_1} = 0, \quad \frac{\partial t_H}{\partial \eta_3} = 0 \qquad (3-61)$$

$\boldsymbol{I}(\boldsymbol{\theta})$ 的表达式为

$$\boldsymbol{I}(\boldsymbol{\theta}) = \begin{bmatrix} E\left(-\dfrac{\partial^2 L(\boldsymbol{\theta})}{\partial \eta_1 \partial \eta_1}\right) & E\left(-\dfrac{\partial^2 L(\boldsymbol{\theta})}{\partial \eta_1 \partial \eta_2}\right) & E\left(-\dfrac{\partial^2 L(\boldsymbol{\theta})}{\partial \eta_1 \partial \eta_3}\right) & E\left(-\dfrac{\partial^2 L(\boldsymbol{\theta})}{\partial \eta_1 \partial r}\right) \\[2mm] E\left(-\dfrac{\partial^2 L(\boldsymbol{\theta})}{\partial \eta_2 \partial \eta_1}\right) & E\left(-\dfrac{\partial^2 L(\boldsymbol{\theta})}{\partial \eta_2 \partial \eta_2}\right) & E\left(-\dfrac{\partial^2 L(\boldsymbol{\theta})}{\partial \eta_2 \partial \eta_3}\right) & E\left(-\dfrac{\partial^2 L(\boldsymbol{\theta})}{\partial \eta_2 \partial r}\right) \\[2mm] E\left(-\dfrac{\partial^2 L(\boldsymbol{\theta})}{\partial \eta_3 \partial \eta_1}\right) & E\left(-\dfrac{\partial^2 L(\boldsymbol{\theta})}{\partial \eta_3 \partial \eta_2}\right) & E\left(-\dfrac{\partial^2 L(\boldsymbol{\theta})}{\partial \eta_3 \partial \eta_3}\right) & E\left(-\dfrac{\partial^2 L(\boldsymbol{\theta})}{\partial \eta_3 \partial r}\right) \\[2mm] E\left(-\dfrac{\partial^2 L(\boldsymbol{\theta})}{\partial r \partial \eta_1}\right) & E\left(-\dfrac{\partial^2 L(\boldsymbol{\theta})}{\partial r \partial \eta_2}\right) & E\left(-\dfrac{\partial^2 L(\boldsymbol{\theta})}{\partial r \partial \eta_3}\right) & E\left(-\dfrac{\partial^2 L(\boldsymbol{\theta})}{\partial r \partial r}\right) \end{bmatrix} \qquad (3-62)$$

由于 Δy_{ijk} 近似服从一个均值为 $\mu \Delta \Lambda_{ijk}$，方差为 $\mu^3 \Delta \Lambda_{ijk}/\lambda$ 的 Normal 分布，可知 $\Delta y_{ijk}/\mu \sim N(\Delta \Lambda_{ijk}, \mu \Delta \Lambda_{ijk}/\lambda)$，据此推导出

$$E\left(\frac{\Delta y_{ijk}}{\mu} - \Delta \Lambda_{ijk} \right) = 0 \qquad (3-63)$$

$$E\left[\left(\frac{\Delta y_{ijk}}{\mu} - \Delta \Lambda_{ijk} \right)^2 \right] = D\left(\frac{\Delta y_{ijk}}{\mu} - \Delta \Lambda_{ijk} \right) + E^2\left(\frac{\Delta y_{ijk}}{\mu} - \Delta \Lambda_{ijk} \right) = \frac{\mu \Delta \Lambda_{ijk}}{\lambda} \quad (3-64)$$

式中，$E(x)$ 表示 x 的期望值；$D(x)$ 表示 x 的方差；$\mu = \exp(\eta_1 - \eta_2/T)$；$\lambda = \exp(\eta_3 - 2\eta_2/T)$。确定出 $\boldsymbol{I}(\boldsymbol{\theta})$ 中的各项为

$$E\left(-\frac{\partial^2 L(\boldsymbol{\theta})}{\partial \eta_1 \partial \eta_1} \right) = \sum_{k=L}^{H} \sum_{j=1}^{N_k} \sum_{i=1}^{M_k} (t_{ijk}^r - t_{(i-1)jk}^r) \exp\left(\eta_3 - \eta_1 - \frac{\eta_2}{T_k} \right)$$

$$E\left(-\frac{\partial^2 L(\boldsymbol{\theta})}{\partial \eta_1 \partial \eta_2}\right)=E\left(-\frac{\partial^2 L(\boldsymbol{\theta})}{\partial \eta_2 \partial \eta_1}\right)=-\sum_{k=L}^{H}\sum_{j=1}^{N_k}\sum_{i=1}^{M_k}\frac{t_{ijk}^r-t_{(i-1)jk}^r}{T_k}\exp\left(\eta_3-\eta_1-\frac{\eta_2}{T_k}\right)$$

$$E\left(-\frac{\partial^2 L(\boldsymbol{\theta})}{\partial \eta_1 \partial \eta_3}\right)=E\left(-\frac{\partial^2 L(\boldsymbol{\theta})}{\partial \eta_3 \partial \eta_1}\right)=0$$

$$E\left(-\frac{\partial^2 L(\boldsymbol{\theta})}{\partial \eta_1 \partial r}\right)=E\left(-\frac{\partial^2 L(\boldsymbol{\theta})}{\partial r \partial \eta_1}\right)=\sum_{k=L}^{H}\sum_{j=1}^{N_k}\sum_{i=1}^{M_k}\exp\left(\eta_3-\eta_1-\frac{\eta_2}{T_k}\right)(t_{ijk}^r\ln t_{ijk}-t_{(i-1)jk}^r\ln t_{(i-1)jk})$$

$$E\left(-\frac{\partial^2 L(\boldsymbol{\theta})}{\partial \eta_2 \partial \eta_2}\right)=\sum_{k=L}^{H}\sum_{j=1}^{N_k}\sum_{i=1}^{M_k}\left[\frac{t_{ijk}^r-t_{(i-1)jk}^r}{T_k^2}\exp\left(\eta_3-\eta_1-\frac{\eta_2}{T_k}\right)+\frac{2}{T_k^2}\right]$$

$$E\left(-\frac{\partial^2 L(\boldsymbol{\theta})}{\partial \eta_2 \partial \eta_3}\right)=E\left(-\frac{\partial^2 L(\boldsymbol{\theta})}{\partial \eta_3 \partial \eta_2}\right)=-\sum_{k=L}^{H}\sum_{j=1}^{N_k}\sum_{i=1}^{M_k}\frac{1}{T_k}$$

$$E\left(-\frac{\partial^2 L(\boldsymbol{\theta})}{\partial \eta_2 \partial r}\right)=E\left(-\frac{\partial^2 L(\boldsymbol{\theta})}{\partial r \partial \eta_2}\right)$$

$$=-\sum_{k=L}^{H}\sum_{j=1}^{N_k}\sum_{i=1}^{M_k}\frac{\exp(\eta_3-\eta_1-\eta_2/T_k)}{T_k}(t_{ijk}^r\ln t_{ijk}-t_{(i-1)jk}^r\ln t_{(i-1)jk})$$

$$E\left(-\frac{\partial^2 L(\boldsymbol{\theta})}{\partial \eta_3 \partial \eta_3}\right)=-\frac{1}{2}$$

$$E\left(-\frac{\partial^2 L(\boldsymbol{\theta})}{\partial \eta_3 \partial r}\right)=E\left(-\frac{\partial^2 L(\boldsymbol{\theta})}{\partial r \partial \eta_3}\right)=0$$

$$E\left(-\frac{\partial^2 L(\boldsymbol{\theta})}{\partial r \partial r}\right)=\sum_{k=L}^{H}\sum_{j=1}^{N_k}\sum_{i=1}^{M_k}\left[-\frac{t_{ijk}^r(\ln t_{ijk})^2-t_{(i-1)jk}^r(\ln t_{(i-1)jk})^2}{t_{ijk}^r-t_{(i-1)jk}^r}+\right.$$

$$\left.\left(\frac{t_{ijk}^r\ln t_{ijk}-t_{(i-1)jk}^r\ln t_{(i-1)jk}}{t_{ijk}^r-t_{(i-1)jk}^r}\right)^2+\frac{\exp(\eta_3-\eta_1-\eta_2/T_k)}{t_{ijk}^r-t_{(i-1)jk}^r}(t_{ijk}^r\ln t_{ijk}-t_{(i-1)jk}^r\ln t_{(i-1)jk})^2\right]$$

3.3.3.2　试验总费用建模

设在加速温度 T_H 下开展可靠性验收试验，N_H 个样品被随机抽取用于验收试验，所有样品在试验过程中被同时测量，每个样品被测量 M_H 次。试验截止时间为 $\hat{t}_H = t_L/\hat{A}_{H,L}$，测量间隔为 $f = \hat{t}_H/M_H$。决策变量 N_H、M_H、T_H 的取值不仅影响 $\mathrm{AVar}(\hat{t}_H)$ 的大小，而且决定了验收试验的总费用。

令 $TC(N_H, M_H, T_H)$ 表示加速应力可靠性验收试验的总费用，$TC(N_H, M_H, T_H)$ 由 3 部分组成：1）加速试验设备在 T_H 下的使用费用；2）样品的测量费用；3）样品的费用。建立 $TC(N_H, M_H, T_H)$ 的模型为

$$TC(N_H, M_H, T_H)=C_1\exp(T_H/T_L-1)t_H+C_2 M_H N_H+C_3 N_H \tag{3-65}$$

式中，C_1 表示加速试验设备在 T_L 下使用 1 h 的费用，加速试验设备在 T_H 下使用 1 h 的费用建模为 $C_1\exp(T_H/T_L-1)t_H$；C_2 表示对一个样品进行一次测量的费用；C_3 表示一个样品的价格。

3.3.3.3　试验方案优化的数据模型

(N_L, M_L, T_L) 值是已知的，$\mathrm{AVar}(\hat{t}_H)$ 的大小取决于 (N_H, M_H, T_H) 值，考虑到对试验费用的承受力，试验总费用 $TC(N_H, M_H, T_H)$ 不能超过极限值 C_b。根据之前的

分析，最优的验收试验方案具有最小的 $\mathrm{AVar}(\hat{t}_H)$，优化设计的实质是在最高允许试验费用的约束下找出对应最小 $\mathrm{AVar}(\hat{t}_H)$ 的一组最优决策变量值。基于以上分析，构建出加速应力可靠性验收试验方案优化的数学模型为

$$\min \mathrm{AVar}(t_H \mid N_H, M_H, T_H)$$

$$s.t. \begin{cases} TC(N_H, M_H, T_H) \leqslant C_b \\ T_L + 1 \leqslant T_H \leqslant T_{\max} \\ 1 \leqslant N_H \leqslant N_{\max} \\ 1 \leqslant M_H \leqslant M_{\max} \end{cases} \qquad (3-66)$$

式中，T_H 被设置为比 T_L 大 $N*1\,\mathrm{K}$；$T_{\max}$ 为可选取的最高温度应力，如果温度应力超过 $T_{\max}$，样品的失效机理就会与 T_L 下的失效机理不一致。

3.3.4　优化模型解析及寻优算法

为了能够高效地获取最优试验方案，设计了基于 MATLAB 程序的模型解析及寻优算法，主要由 3 个自动化步骤构成，如图 3 - 4 所示。第一步，通过如下公式确定决策变量 N_H、M_H 的上限，$N_{\max} = \mathrm{ceil}((C_b - C_2 - C_1 \exp(T_H/T_L - 1) t_H)/C_3)$，$M_{\max} = \mathrm{ceil}((C_b - N_H C_3 - C_1 \exp(T_H/T_L - 1) t_H)/C_2)$，其中 $\mathrm{ceil}(x)$ 表示一个大于或等于 x 的最小整数值。由于最优试验方案所对应的试验总费用接近于上限值 C_b，将试验总费用设定在 $0.9*C_b \leqslant TC \leqslant C_b$ 之间，以提高寻优的效率。

3.3.5　仿真试验

设计了仿真试验用于验证式（3 - 43）的正确性。模拟的性能退化数据通过如下仿真模型生成

$$\lambda_j \sim \mathrm{Ga}(a, b)$$

$$\nu_j \mid \lambda_j \sim N(c, d/\lambda_j)$$

$$\Delta y_{ij} \mid (\nu_j, \lambda_j) \sim \mathrm{IG}(\Delta \Lambda_{ij}/\nu_j, \lambda_j \Delta \Lambda_{ij}^2)$$

式中，ν_j、λ_j 被作为随机参数，并且采用了它们的共轭先验分布类型。设定随机参数的超参数值为 $(a, b, c, d) = (2, 1, 0.5, 0.1)$，仿真模型中的其他参数设定为 $i = 1$，2，…，10；$j = 1, 2, \cdots, 20$；$\forall j$，$t_{ij} = 10, 20, \cdots, 100$；$r = 0.5, 1, 2$。

验证步骤设计为：

1）生成产品在 T_k 下的模拟性能退化增量 Δy_{ijk}、$\Delta \Lambda_{ijk}$；

2）利用 Δy_{ijk}、$\Delta \Lambda_{ijk}$，建立如下似然函数估计出参数值 $\hat{\mu}_k$、$\hat{\lambda}_k$、$\hat{r}_k$；

$$L(\mu_k, \lambda_k, r_k) = \prod_{i=1}^{10} \prod_{j=1}^{20} \sqrt{\frac{\lambda_k \Delta \Lambda_{ijk}^2}{2\pi \Delta y_{ijk}^3}} \cdot \exp\left[-\frac{\lambda_k}{2\Delta y_{ijk}} \left(\frac{\Delta y_{ijk}}{\mu_k} - \Delta \Lambda_{ijk} \right)^2 \right]$$

3）设置加速系数 $A_{k,h}$ 分别等于 0.4、4，利用加速系数转换得到产品在 T_h 下的性能退化增量 Δy_{ijh}、$\Delta \Lambda_{ijh}$，转换公式为 $y_{ijh} = y_{ijk}$，$t_{ijh} = t_{ijk} A_{k,h}$；

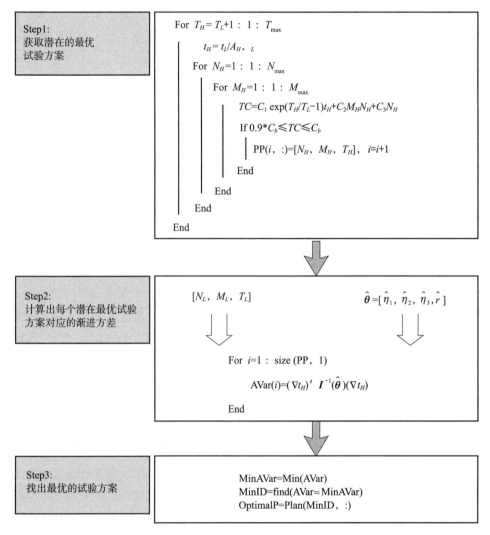

图 3-4　试验方案寻优算法

4）利用 Δy_{ijh}、$\Delta\Lambda_{ijh}$，估计出参数值 $\hat{\mu}_h$、$\hat{\lambda}_h$、$\hat{r}_h$；

5）计算参数估计值的比值 $\hat{\mu}_k/\hat{\mu}_h$、$\hat{\lambda}_k/\hat{\lambda}_h$、$\hat{r}_k/\hat{r}_h$，见表 3-4。

表 3-4 中显示 $\hat{r}_k/\hat{r}_h$ 非常接近整数 1，而且 $\hat{\mu}_k/\hat{\mu}_h$、$\sqrt{\hat{\lambda}_k/\hat{\lambda}_h}$ 与 $(A_{k,h})^r$ 几乎相等，这验证了式（3-43）的正确性，说明了加速系数不变原则的推导结论是合理、可信的。

表 3-4　仿真试验结果

r	$A_{k,h}=0.4$			$A_{k,h}=4$		
	$\dfrac{\hat{\mu}_k}{\hat{\mu}_h}$	$\sqrt{\dfrac{\hat{\lambda}_k}{\hat{\lambda}_h}}$	$\dfrac{\hat{r}_k}{\hat{r}_h}$	$\dfrac{\hat{\mu}_k}{\hat{\mu}_h}$	$\sqrt{\dfrac{\hat{\lambda}_k}{\hat{\lambda}_h}}$	$\dfrac{\hat{r}_k}{\hat{r}_h}$

续表

r	$A_{k,h} = 0.4$			$A_{k,h} = 4$		
	$\dfrac{\hat{\mu}_k}{\hat{\mu}_h}$	$\sqrt{\dfrac{\hat{\lambda}_k}{\hat{\lambda}_h}}$	$\dfrac{\hat{r}_k}{\hat{r}_h}$	$\dfrac{\hat{\mu}_k}{\hat{\mu}_h}$	$\sqrt{\dfrac{\hat{\lambda}_k}{\hat{\lambda}_h}}$	$\dfrac{\hat{r}_k}{\hat{r}_h}$
0.5	0.632 5	0.632 6	1.000 1	2.000 0	2.000 1	1.000 0
1	0.400 0	0.400 0	1.000 0	3.999 9	4.000 0	1.000 0
2	0.160 0	0.160 0	1.000 0	15.999 9	16.000 2	0.999 9

3.3.6　案例应用

此型精密电阻的主要失效模式为退化失效,高温能够促进电阻内部金属材料的电子扩散,长时间的累积作用能够导致电阻值漂移。将电阻测量值与电阻初始值的百分比变化作为性能退化量,当百分比变化达到 5% 时精密电阻发生退化失效,即失效阈值为 $D = 5\%$。对批次交付的精密电阻开展可靠性验收试验,质量标准为不少于 99% 的产品能够在 $T_L = 313.16$ K 下无故障工作 10 000 h。常应力下的可靠性验收试验方案为:随机抽取 $N_L = 30$ 个样品在 T_L 下试验 $t_L = 10\,000$ h,性能退化数据的测量间隔为 500 h,每个样品的测量次数为 $M_L = 20$。为了提高可靠性验收试验的效率,以下设计一种加速应力下的可靠性验收试验最优方案。

3.3.6.1　估计加速退化模型的参数值

构建试验方案优化数学模型的一个必要前提是要确定产品的加速退化模型并获知模型参数值。由于此型精密电阻开展过加速退化摸底试验,试验数据见表 3-5,根据表中数据确定产品的加速退化模型并估计模型参数值。首先假定产品性能退化服从 IG - Arrhenius 加速退化模型,获取模型参数的极大似然估计值为 $\tilde{\boldsymbol{\theta}} = (\tilde{\eta}_1, \tilde{\eta}_2, \tilde{\eta}_3, \tilde{r}) = (8.586, 3\,848.267, 19.456, 0.491)$。

表 3-5 精密电阻加速退化数据

t/h	120	240	360	480	600	720	840	960	1 080	1 200	1 320	1 440
	0.335	0.437	0.481	0.681	1.135	1.200	1.361	1.418	1.461	1.486	1.515	1.587
	0.543	0.671	0.778	0.875	0.931	0.974	1.189	1.254	1.300	1.342	1.567	1.658
	0.594	0.766	0.838	0.878	1.091	1.117	1.219	1.250	1.280	1.311	1.428	1.474
333.16 K	0.253	0.562	0.628	0.808	0.888	0.977	1.014	1.032	1.175	1.209	1.352	1.359
	0.543	0.614	0.646	0.969	1.032	1.076	1.183	1.197	1.219	1.269	1.497	1.546
	0.854	1.010	1.173	1.224	1.247	1.680	1.730	1.840	2.324	2.465	2.513	2.583
	0.531	0.816	0.898	0.992	1.132	1.169	1.213	1.274	1.302	1.348	1.394	1.423
	1.017	1.097	1.359	1.588	1.687	1.752	1.869	1.954	2.079	2.346	2.393	2.405

续表

t/h	72	144	216	288	360	432	504	576	648	720	792	
	0.784	1.148	1.328	1.887	1.963	2.147	2.183	2.296	2.856	2.957	3.396	
	0.796	0.955	1.081	1.240	1.326	1.449	1.566	1.961	1.998	2.027	2.119	
	1.031	1.262	1.472	1.696	1.842	2.072	2.116	2.300	2.659	3.005	3.279	
353.16 K	0.437	0.709	1.063	1.248	1.424	1.622	1.863	2.006	2.071	2.214	2.328	
	0.986	1.626	1.887	2.486	2.647	2.697	2.826	2.915	2.970	3.108	3.190	
	0.889	1.163	1.330	1.764	1.828	1.997	2.108	2.176	2.234	2.327	2.424	
	0.830	1.005	1.278	1.404	1.521	1.770	1.953	2.012	2.038	2.251	2.337	
	0.784	1.148	1.328	1.887	1.963	2.147	2.183	2.296	2.856	2.957	2.996	
t/h	48	96	144	192	240	288	336	384	432	480		
	1.307	1.562	2.073	2.282	2.666	2.828	3.041	3.226	3.340	3.362		
	1.112	1.331	1.912	2.039	2.317	3.006	3.300	3.473	3.522	4.431		
	0.966	1.668	1.890	2.145	2.324	2.828	2.935	3.040	3.251	3.424		
373.16 K	1.050	1.245	1.379	1.777	2.627	2.796	2.930	3.278	4.013	4.273		
	1.178	1.312	1.646	2.084	2.572	2.708	2.951	3.071	3.222	3.324		
	1.328	1.885	2.356	2.484	2.847	3.181	3.577	3.812	3.965	4.081		
	1.109	1.326	1.616	2.108	2.364	2.530	2.647	2.765	3.268	3.370		
	1.307	1.562	2.073	2.282	2.666	2.828	3.041	3.226	3.340	3.362		

根据文献 [150，200]，如果产品性能退化服从 IG-Arrhenius 加速退化模型，统计量 $\hat{\lambda}_k(\Delta y_{ijk}-\hat{\mu}_k\Delta\Lambda_{ijk})^2/(\hat{\mu}_k^2\Delta y_{ijk})$ 应该近似服从一个自由度为 1 的 χ^2 分布，其中 $\hat{\mu}_k=\exp(\hat{\eta}_1-\hat{\eta}_2/T_k)$，$\hat{\lambda}_k=\exp(\hat{\eta}_3-2\hat{\eta}_2/T_k)$。图 3-5 中展示了统计量 χ_1^2 的 Q-Q 图，可见拟合效果较好，产品性能退化为 IG-Arrhenius 加速退化模型。

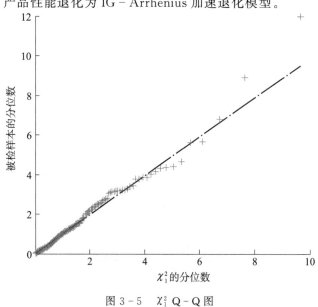

图 3-5　χ_1^2 Q-Q 图

　　由于加速退化数据不可避免存在测量误差，并且数据量有限，参数估计值 $\tilde{\boldsymbol{\theta}}$ 与真实值之间并不一致，为了降低参数估计值的不确定性，设计一个仿真模型生成若干组加速退化数据 $(y_{ijk},\ t_{ijk})$ ，取参数估计平均值。仿真模型为

For $k=1:3$ ；
$\qquad \mu_k = \exp(\tilde{\eta}_1 - \tilde{\eta}_2 / T_k)$ ；
$\qquad \lambda_k = \exp(\tilde{\eta}_3 - 0.5\tilde{\eta}_2 / T_k)$ ；
$\qquad$ For $j=1:N_k$ ；
$\qquad\qquad$ For $i=1:M_k$ ；
$\qquad\qquad\qquad \Delta t_{ijk} = (f_k * i)^{\gamma} - (f_k * (i-1))^{\gamma}$ ；
$\qquad\qquad\qquad P = \mathrm{makedist}$ （'InverseGaussian'，'mu'，$\mu_k \Delta t_{ijk}$，'lambda'，$\lambda_k \Delta t_{ijk}^2$）；
$\qquad\qquad\qquad \Delta y_{ijk} = \mathrm{random}$ （P）；
$\qquad\qquad$ End
$\qquad$ End
End

　　以上仿真模型的参数设定为：$T_1 = 333.16\ \mathrm{K}$，$T_2 = 353.16\ \mathrm{K}$，$T_3 = 373.16\ \mathrm{K}$，$N_1 = N_2 = N_3 = 30$，$M_1 = M_2 = M_3 = 20$，$f_1 = 96\ \mathrm{h}$；$f_2 = 48\ \mathrm{h}$，$f_3 = 24\ \mathrm{h}$。执行仿真模型 100 次，获取 100 组参数估计值，统计出参数估计平均值为 $\hat{\boldsymbol{\theta}} = (8.572,\ 378\ 8.621,19.355,0.498)$，将 $\hat{\boldsymbol{\theta}}$ 用于加速应力可靠性验收试验的优化设计。

3.3.6.2　获取最优试验方案

　　对于此型精密电阻，加速应力可靠性验收试验信息为 $C_1 = 0.1$ 美元，$C_2 = 10$ 美元，$C_3 = 20$ 美元，$C_b = 3\ 000$ 美元，$T_{\max} = 373.16\ \mathrm{K}$。利用图 3-4 中给出的步骤获取最优试验方案。第一步，获取了 9 351 个潜在的最优加速应力可靠性验收试验方案；第二步，计算出每个潜在最优加速应力可靠性验收试验方案对应的 $\mathrm{AVar}(t_H)$ 值，如图 3-6 所示；第三步，找到具有最小 $\mathrm{AVar}(t_H)$ 值的最优试验方案，最优试验方案的各决策变量值为 $(N_H,\ M_H,\ T_H) = (14,\ 19,\ 358.16)$ 。计算出最优试验方案对应的加速系数为 $\hat{A}_{H,L} = 21.163$，进而折算出最优试验方案的试验截止时间为 $t_H = 472.522\ \mathrm{h}$。与常温 $T_L = 313.16\ \mathrm{K}$ 下的可靠性验收试验相比，$T_H = 358.16\ \mathrm{K}$ 下的最优可靠性验收试验方案能够在保证最优验收决策准确性的前提下将试验时间减少至原来的 $1/21$。

　　将试验总费用的上限 C_b 设为不同值，获取对应的最优试验方案见表 3-6。

表 3-6　最优试验方案的决策变量取值

C_b/ 美元	N_H	M_H	T_H	TC/ 美元	$\mathrm{AVar}(t_H)$
2 000	7	26	364.16	1 999.2	232.356
2 500	19	11	370.16	2 498.5	218.691
3 000	**14**	**19**	**358.16**	**2 994.6**	**204.405**

续表

C_b/ 美元	N_H	M_H	T_H	TC/ 美元	$\mathrm{AVar}(t_H)$
3 500	15	21	360.16	3 498.8	183.221
4 000	14	26	353.16	3 992.5	175.427

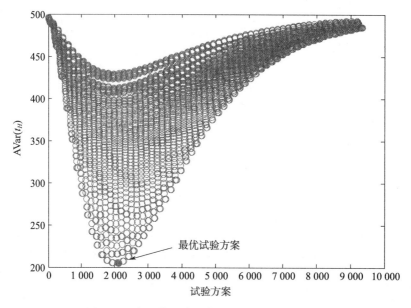

图 3-6　各可能试验方案对应的 $\mathrm{AVar}(t_H)$ 值

可见最优试验方案所对应的试验总费用非常接近 C_b，并且 $\mathrm{AVar}(t_H)$ 随着 C_b 的增大而减小，但是决策变量值 N_H、M_H、T_H 随着 C_b 的增大并无明显的变化规律。

3.3.6.3　获取次优试验方案

根据表 3-6 中显示的结果，当 $C_b = 3\,000$ 美元时，最优加速应力可靠性验收试验应该在 358.16 K 下进行。由于 358.16 K 低于最大允许温度 $T_{\max} = 373.16$ K，此最优加速应力可靠性验收试验的试验时间并不是最短的。一些情况下，需要在最短时间内进行加速应力可靠性验收试验，此时需要在 $T_{\max} = 373.16$ K 下设计一个优化的加速应力可靠性验收试验方案，称之为次优加速应力可靠性验收试验方案。

设置试验参数为 $C_1 = 0.1$ 美元，$C_2 = 10$ 美元，$C_3 = 20$ 美元，$T_H = 373.16$ K，$C_b \in$ [2 000, 2 500, 3 000, 3 500, 4 000] 美元。采用图 3-4 中所示的步骤获得各次优加速应力可靠性验收试验方案见表 3-7，给定相同的 C_b 值，次优加速应力可靠性验收试验方案对应的 $\mathrm{AVar}(t_H)$ 值比最优加速应力可靠性验收试验方案对应的 $\mathrm{AVar}(t_H)$ 值大。次优加速应力可靠性验收试验的加速系数为 $\hat{A}_{H,L} = 49.704$，计算出 $t_H = 201.191$ h，是最优加速应力可靠性验收试验截止时间的 57.42%。

表 3 - 7　次优试验方案的决策变量取值

C_b/美元	N_H	M_H	T_H	TC/美元	$\mathrm{AVar}(t_H)$
2 000	14	12	373.16	1 984.4	245.005
2 500	19	11	373.16	2 494.4	231.852
3 000	**11**	**25**	**373.16**	**2 994.4**	**215.361**
3 500	23	13	373.16	3 474.4	198.706
4 000	18	20	373.16	3 984.4	185.277

3.3.6.4　参数估计值偏差对最优方案的影响分析

参数估计值 $\hat{\eta}_1$、$\hat{\eta}_2$、$\hat{\eta}_3$、$\hat{r}$ 有可能与参数真实值存在一定的偏差，需要考虑参数估计值偏差对获取的最优加速应力可靠性验收试验方案的影响。假定 ε_1、ε_2、ε_3、ε_4 分别为参数估计值 $\hat{\eta}_1$、$\hat{\eta}_2$、$\hat{\eta}_3$、$\hat{r}$ 的相对偏差量，得到带有偏差的参数估计值为 $(1+\varepsilon_1)\hat{\eta}_1$、$(1+\varepsilon_2)\hat{\eta}_2$、$(1+\varepsilon_3)\hat{\eta}_3$、$(1+\varepsilon_4)\hat{r}$。设 $(C_1, C_2, C_3, C_b) = (0.1, 10, 20, 3\,000)$，在不同的 ε_1、ε_2、ε_3、ε_4 的取值下获取各最优加速应力可靠性验收试验方案，见表 3 - 8。当 ε_1、ε_2、ε_3、ε_4 在 $\pm 2\%$ 内变化时，决策变量 N_H、M_H、T_H 基本保持不变，说明获取的最优加速应力可靠性验收试验方案对于参数估计值偏差具备一定的鲁棒性。然而，当 ε_1、ε_2、ε_3、ε_4 的变化幅度达到 $\pm 5\%$ 时，N_H、M_H、T_H 值会发生变化，这说明当参数估计值的误差较大时，很可能无法获取真实的最优加速应力可靠性验收试验方案。

表 3 - 8　不同参数取值下的最优试验方案

ε_1	ε_2	ε_3	ε_4	N_H	M_H	T_H
5%	5%	5%	0	21	12	355.16
0	5%	5%	5%	21	12	358.16
0	0	5%	5%	14	19	360.16
5%	5%	0	5%	14	19	358.16
5%	0	5%	0	14	19	358.16
5%	5%	5%	5%	21	12	357.16
−5%	−5%	5%	5%	8	35	367.16
2%	2%	2%	2%	14	19	358.16
2%	−2%	2%	−2%	14	19	358.16
0	**0**	**0**	**0**	**14**	**19**	**358.16**

3.3.6.5　退化模型误指定对最优方案的影响分析

使用较为广泛的随机过程模型除了 Inverse Gaussian 以外，还有 Gamma 及 Wiener 过程。本节讨论 Inverse Gaussian 过程被误指定为 Gamma 或 Wiener 过程时，对最优加速应力可靠性验收试验方案的影响。将 Inverse Gaussian 加速退化模型的参数设置为 $\hat{\boldsymbol{\theta}} =$ (8.572，3 788.621，19.355，0.498) 生成仿真加速退化数据，模型的其他参数设定为：$T_1 = 333.16\text{ K}$；$T_2 = 353.16\text{ K}$；$T_3 = 373.16\text{ K}$；$N_1 = N_2 = N_3 = 30$；$M_1 = M_2 = M_3 = 20$；$f_1 = 96\text{ h}$；$f_2 = 48\text{ h}$；$f_3 = 24\text{ h}$。根据文献 [199]，建立 Gamma 加速退化模型为

$$\Delta y_{ijk} \sim \text{Ga}(\alpha_k \Delta \Lambda_{ijk}, \beta_k)$$
$$\alpha_k = \exp(\eta_1 - \eta_2/T_k)$$
$$\beta_k = \eta_3$$
$$\Delta \Lambda_{ijk} = t^r_{ijk} - t^r_{(i-1)jk}$$

建立 Wiener 加速退化模型为

$$\Delta y_{ijk} \sim N(\mu_k \Delta \Lambda_{ijk}, \sigma^2_k \Delta \Lambda_{ijk})$$
$$\mu_k = \exp(\eta_1 - \eta_2/T_k)$$
$$\sigma^2_k = \exp(\eta_3 - \eta_2/T_k)$$
$$\Delta \Lambda_{ijk} = t^r_{ijk} - t^r_{(i-1)jk}$$

分别利用 Inverse Gaussian、Gamma、Wiener 加速退化模型拟合仿真加速退化数据，得到参数估计值 $\hat{\eta}_1$、$\hat{\eta}_2$、$\hat{\eta}_3$、$\hat{r}$ 和信息量准则（Akaike Information Criterion，AIC）值见表 3-9。

表 3-9　各退化模型的参数估计值及决策变量值

	η_1	η_2	η_3	r	AIC	t_H	N_H	M_H	$F(t_H)$
真实值	8.572	3 788.621	19.355	0.498	—	201.191	11	25	1.534E-3
In-Gaussian	8.351	3 710.660	18.701	0.488	3.641E3	201.590	11	25	1.812E-3
Gamma	10.752	3 660.036	0.076	0.505	3.413E3	242.047	20	18	2.347E-4
Wiener	9.129	3 949.190	6.938	0.484	2.116E3	151.553	22	16	1.092E-5

由于 Inverse Gaussian 加速退化模型得到的 AIC 值最小，可知 Inverse Gaussian 加速退化模型与数据拟合最优。采用本书所提方法分别为 Gamma 退化模型和 Wiener 退化模型建立加速应力可靠性验收试验方案优化模型，在 $T_H = 373.16\text{ K}$ 和 $C_b = 3\ 000$ 美元 条件下分别针对两种退化模型获取优化试验方案，见表 3-9。Inverse Gaussian 退化模型获取的 t_H、N_H、M_H 值与真实值基本一致，但 Gamma 退化模型及 Wiener 退化模型获取的 t_H、N_H、M_H 值与真实值差距较大，这说明如果 Inverse Gaussian 退化模型被误指定为 Gamma 或 Wiener 退化模型，将无法得出真实的最优试验方案。此外，如果发生了退化模型误指定问题，由 Gamma 退化模型及 Wiener 退化模型外推出的 $F(t_H)$ 将明显小于真实值。图 3-7 展示了以上 3 种退化模型外推出的可靠度曲线，可看出如果发生退化模型误指定问题，将会造成可靠度评定结果出现较大偏差。

3.3.6.6　仿真加速应力可靠性验收试验

假定根据最优方案 $(N_H, M_H, T_H) = (14, 19, 358.16)$ 设计两次加速应力可靠性

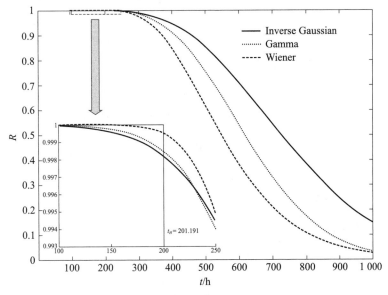

图 3 - 7　不同退化模型获得的可靠度曲线

验收试验，分别对两个批次精密电阻的可靠性进行验证。设计如下仿真模型生成加速应力可靠性验收试验的样品性能退化数据，$\hat{\boldsymbol{\theta}} = (8.572，3788.621，19.355，r)，r \sim N(0.498，0.1)$。

$\mu_H = \exp(\hat{\eta}_1 - \hat{\eta}_2/T_H)$；

$\lambda_H = \exp(\hat{\eta}_3 - 0.5\hat{\eta}_2/T_H)$；

$\hat{r} = \text{normrnd}(0.498，0.1)$；

$t_H = t_0/\exp(\hat{\eta}_2(T_H - T_0)/\hat{r}/T_H/T_0)$；

$f = t_H/M_H$；

For $j = 1：N_H$；

　For $i = 1：M_H$；

　$\Delta t_{ij} = (f * j)^{\hat{r}} - (f * (i-1))^{\hat{r}}$；

　$P = \text{makedist}$（'Inverse Gaussian'，'mu'，$\mu_H \Delta t_{ij}$，'lambda'，$\lambda_H \Delta t_{ij}^2$）；

　$\Delta y_{ij} = \text{random}(P)$；

　End

End

生成 $T_H = 353.16$ K 下两个批次产品的仿真退化数据分别如图 3 - 8 和图 3 - 9 所示。

采用 Inverse Gaussian 过程分别拟合以上两组仿真性能退化数据，参数估计值分别为 $\hat{\boldsymbol{\Omega}}_1 = (\hat{\mu}_1，\hat{\lambda}_1，\hat{r}_1) = (0.112，0.096，0.533)$，$\hat{\boldsymbol{\Omega}}_2 = (\hat{\mu}_2，\hat{\lambda}_2，\hat{r}_2) = (0.142，0.184，0.518)$。将 $\hat{\boldsymbol{\Omega}}_1$，$D = 5\%$，$t_H = 472.522$ 代入式（3 - 37），计算得 $F_1(t_H) = 0.639\%$；同样方法可计算出 $F_2(t_H) = 1.841\%$。第一批产品 $F_1(t_H) < 1\%$，符合质量要求，应该被

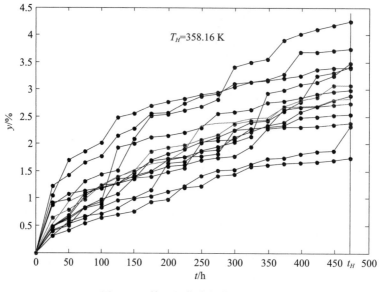

图 3-8   第一组仿真性能退化数据

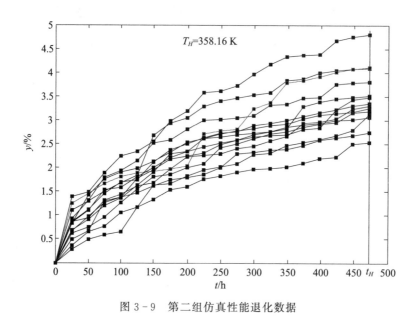

图 3-9   第二组仿真性能退化数据

接收；第二批产品 $F_2(t_H) > 1\%$，不符合质量要求，应该被拒收。

3.3.7   结果分析

对于部分高可靠性、长寿命弹载退化失效型产品来说，传统可靠性验收试验效率较低，因此研究了一种高效率的加速应力可靠性验收试验方法，主要研究结论为：

1）提出了一种将加速应力下试验截止时间的渐近方差作为目标函数的试验方案优化

设计方法，得出的精密电阻加速应力可靠性验收试验方案试验时间减少至原来时间的 1/21；

2）仿真试验所提方法对模型参数估计值误差具有较好的鲁棒性，但退化模型误指定很可能导致一个非最优的加速应力可靠性验收试验方案；

3）某些随机过程退化模型对应的加速系数表达式难以确定，加速系数不变原则为推导出加速系数表达式提供了一种可行办法；

4）加速应力下可靠性验收试验的截止时间通过加速系数折算得出，这种基于加速系数折算的思想在加速试验方案优化设计领域的应用前景广泛；

5）虽然所提方法中只是以 Inverse Gaussian 退化模型和 Arrhenius 加速模型为例，其方法内涵可以扩展应用于其他类型的性能退化模型和加速模型。

3.4　本章小结

本章提出了一种加速应力可靠性评定试验的优化设计方法，将最小化加速系数的渐进方差作为优化准则构建加速试验方案优化的数学模型，设计了一种程序化的组合算法高效获取最优试验方案；提出了一种加速应力可靠性验收试验的优化设计方法，利用加速系数折算出加速应力可靠性验收试验的截止时间，并将最小化试验截止时间的渐近方差作为优化目标设计最优试验方案。所提试验方案优化设计方法避免了传统方法凭借主观判断或工程经验错误建立加速退化模型的风险，克服了使用近似 p 分位寿命函数的不足，对于准确获取最优试验方案具有实际的工程意义。

第 4 章　加速应力可靠性试验的可靠性评定方法

4.1　引言

作为一种快速评估产品可靠性的有效手段，加速应力可靠性试验已经普遍应用于产品研制、生产、交付验收、延寿等多个阶段。传统的加速退化试验只是测量产品某一个性能参数的退化数据，据此对产品可靠性进行建模与评估。然而一些弹载退化失效型产品并存着多种退化失效过程，并且各退化失效过程之间可能存在耦合性，产品失效是各退化失效过程之间竞争的结果，因此，基于单性能参数加速退化数据的可靠性建模与评估方法已经不适用于多参数退化产品。此外，弹载产品的寿命周期内会经历多种可靠性试验，每种可靠性或多或少能积累一些可靠性数据，有效融合这些多源数据对提高可靠性评定的准确性与可行性很有意义，然而，相关的融合评估理论和方法缺少研究。

为了解决基于多元加速退化数据的可靠性建模与参数估计难题，分别提出考虑退化增量耦合性的可靠性建模与评定方法和考虑边缘生存函数耦合性的可靠性建模与评定方法。为了突破基于多源数据融合的可靠性评定难题，提出了基于 Bayes 理论与随机参数共轭先验分布函数的可靠性建模与评定方法。

4.2　考虑退化增量耦合性的多元加速退化数据统计分析方法

为了利用加速应力可靠性试验高效地评定多参数退化产品的可靠性，基于多元加速退化数据统计分析的可靠性评定方法逐渐得到关注[205]。文献［122］采用多元 Normal 分布函数拟合多元性能退化数据，建立加速退化模型时假定均值参数与加速应力相关、协方差参数与加速应力无关，但是多元 Normal 分布函数在多元性能退化建模中的适用性有限。文献［126］采用 Copula 函数描述多元加速退化数据间的耦合性，通过 Gamma 退化模型推导出了产品性能退化的多元 B-S 分布模型。文献［206］基于退化量分布的方法对各性能退化过程建模，假定各相同测量时刻的退化量之间具有耦合性，采用 Copula 函数描述退化量之间的耦合性。

继电器广泛用于各型导弹装备中，主要功能包括传递电信号、继电保护、电路隔离等[207,208]。已有工程案例表明，继电器的某些性能指标在长期贮存过程中不可避免会发生退化，降低导弹装备的可靠性。掌握继电器的性能退化规律的一个可行途径是对继电器的性能退化数据进行准确的统计分析。目前的性能退化数据统计分析方法的种类虽然较为丰富，但绝大多数是基于一元性能退化参数，工程经验表明继电器的接触电阻值、释放电压两参数都具有退化趋势，而且是继电器发生退化失效的主要原因。

　　为了高效、准确评定出继电器的可靠性，提出了一种考虑退化增量耦合性的多元加速退化数据统计分析方法，包括多元加速退化建模与参数估计两方面关键内容。多元加速退化建模又包含如下步骤：首先利用 Wiener 过程建立各性能参数的退化模型，然后结合 Arrhenius 方程建立模型参数的加速退化模型，最后采用 Copula 函数描述多元退化增量之间的耦合性。参数估计时，为了解决模型参数数量过多导致的传统估计方法不适用的难题，设计了一种基于 Bayesian 马尔可夫链蒙特卡洛的参数估计方法。

4.2.1　多元加速退化数据建模

　　令 T_k 代表第 k 个加速温度应力水平，$X_{p,k}(t)$ 表示某型继电器在 T_k 下的第 p 个性能退化过程，D_p 为 $X_{p,k}(t)$ 的失效阈值，$x_{pjk}(t_i)$ 表示 T_k 下第 j 个样品的 $X_{p,k}(t)$ 在时刻 t_i 的退化测量值，其中 $k=1,2,3$；$j=1,2,\cdots,N_k$；$p=1,2$；$i=1,2,\cdots,M_k$。T_k 下所有样品的性能退化数据具有如下形式的数据结构

$$\boldsymbol{x}_{2N_k\times M_k}=\begin{pmatrix} x_{11k}(t_1) & \cdots & x_{11k}(t_{M_k}) \\ \cdots & \ddots & \cdots \\ x_{1N_kk}(t_1) & \cdots & x_{1N_kk}(t_{M_k}) \\ x_{21k}(t_1) & \cdots & x_{21k}(t_{M_k}) \\ \cdots & \ddots & \cdots \\ x_{2N_kk}(t_1) & \cdots & x_{2N_kk}(t_{M_k}) \end{pmatrix} \tag{4-1}$$

　　假定 $X_{p,k}(t)$ 服从 Wiener 退化过程，则退化增量 $\Delta x_{pjk}(t_i)$ 应该服从一个均值为 $\mu_{pk}\Delta\Lambda_{pjk}(t_i)$，方差为 $\sigma_{pk}^2\Delta\Lambda_{pjk}(t_i)$ 的 Normal 分布，如

$$\Delta x_{pjk}(t_i)\sim N(\mu_{pk}\Delta\Lambda_{pk}(t_i),\sigma_{pk}^2\Delta\Lambda_{pk}(t_i)) \tag{4-2}$$

式中，μ_{pk} 表示第 p 个 Wiener 退化过程在 T_k 下的漂移参数；σ_{pk} 为第 p 个 Wiener 退化过程在 T_k 下的扩散参数；$\Delta x_{pjk}(t_i)=x_{pjk}(t_i)-x_{pjk}(t_{i-1})$；$\Delta\Lambda_{pk}(t_i)=t_i^{\Lambda_p}-t_{i-1}^{\Lambda_p}$。

　　$\Delta x_{pjk}(t_i)$ 的概率密度函数为

$$g(\Delta x_{pjk}(t_i))=\frac{1}{\sqrt{2\pi\sigma_{pk}^2\Delta\Lambda_{pk}(t_i)}}\exp\left[-\frac{(\Delta x_{pjk}(t_i)-\mu_{pk}\Delta\Lambda_{pk}(t_i))^2}{2\sigma_{pk}^2\Delta\Lambda_{pk}(t_i)}\right] \tag{4-3}$$

　　$\Delta x_{pjk}(t_i)$ 的累积分布函数为

$$G(\Delta x_{pjk}(t_i))=\Phi\left(\frac{\Delta x_{pjk}(t_i)-\mu_{pk}\Delta\Lambda_{pk}(t_i)}{\sigma_{pk}\sqrt{\Delta\Lambda_{pk}(t_i)}}\right) \tag{4-4}$$

　　根据文献［137］的研究结论，Wiener 过程的漂移参数值与扩散参数值都与环境应力相关。如果环境应力为绝对温度 T_k，可基于 Arrhenius 方程建立两参数的加速模型为

$$\mu_{pk}=\exp(a_p-b_p/T_k) \tag{4-5}$$

$$\sigma_{pk}^2=\exp(c_p-b_p/T_k) \tag{4-6}$$

式中，a_p、b_p、c_p 为第 p 个性能参数对应的加速模型参数。

　　设 $G(x_1)$、$G(x_2)$ 分别为变量 X_1、X_2 的累积分布函数，$H(x_1,x_2)$ 为 $G(x_1)$ 与

$G(x_2)$ 的联合分布函数，根据 Sklar's 理论，存在一个 Copula 函数 $C(\cdot)$ 使得下式成立

$$H(x_1,x_2)=C(G(x_1),G(x_2);\theta) \tag{4-7}$$

式中，θ 表示 Copula 参数。

$H(x_1，x_2)$ 的概率密度函数为

$$
\begin{aligned}
h(x_1,x_2)&=\frac{C(G(x_1),G(x_2);\theta)}{\mathrm{d}x_1\mathrm{d}x_2}\\
&=c(G(x_1),G(x_2);\theta)\frac{\mathrm{d}G(x_1)}{\mathrm{d}x_1}\frac{\mathrm{d}G(x_2)}{\mathrm{d}x_2}\\
&=c(G(x_1),G(x_2))g(x_1)g(x_2)
\end{aligned} \tag{4-8}
$$

式中，$c(\cdot)$ 表示 $C(\cdot)$ 的密度函数。将式（4-4）、式（4-5）、式（4-6）代入式（4-7），得

$$H(\Delta x_{1jk}(t_i),\Delta x_{2jk}(t_i))=C(\Phi(U_{1jk}(t_i)),\Phi(U_{2jk}(t_i));\theta_k) \tag{4-9}$$

式中，θ_k 表示 T_k 下的 Copula 参数值，利用 Arrhenius 加速模型表示为 $\theta_k=\exp(e-f/T_k)$，$U_{pjk}(t_i)$ 的表达式为

$$U_{pjk}(t_i)=\frac{\Delta x_{pjk}(t_i)-\exp(a_p-b_p/T)(t_i^{\Lambda_p}-t_{i-1}^{\Lambda_p})}{\sqrt{\exp(c_p-b_p/T)(t_i^{\Lambda_p}-t_{i-1}^{\Lambda_p})}}$$

将式（4-7）、式（4-9）代入式（4-8），得

$$h(\Delta x_{1jk}(t_i),\Delta x_{2jk}(t_i))=c(\Phi(U_{1jk}(t_i)),\Phi(U_{2jk}(t_i));\theta_k)g(\Delta x_{1jk}(t_i))g(\Delta x_{2jk}(t_i)) \tag{4-10}$$

4.2.2　参数估计

由式（4-8）中的密度函数建立如下似然方程

$$L=\prod_{k=1}^{3}\prod_{j=1}^{N_k}\prod_{i=1}^{M_k}c(\Phi(U_{1jk}(t_i)),\Phi(U_{2jk}(t_i));\theta_k)g(\Delta x_{1jk}(t_i))g(\Delta x_{2jk}(t_i)) \tag{4-11}$$

由于式（4-11）中存在 10 个待估参数值：a_p、b_p、c_p、Λ_p、e、f，其中 $p=1,2$，传统的极大似然法难以有效获取参数估计值。因此考虑采用 Bayesian 马尔可夫链蒙特卡洛抽样模拟的思路解决多参数估计难题[134]，设计的参数估计方法包含如下主要步骤：

1）令 $\log L_{ijk}=\log[c(\Phi(U_{1jk}(t_i)),\Phi(U_{2jk}(t_i));\theta_k)g(\Delta x_{1jk}(t_i))g(\Delta x_{2jk}(t_i))]$。

2）构建服从 Poisson 分布的伪随机变量 Y_{ijk}，设 Y_{ijk} 的所有观测值为 0 并且 Poisson 分布的均值参数为 $-\log L_{ijk}+R$，如 $Y_{ijk}\sim\mathrm{Poi}(0;-\log L_{ijk}+R)$，$R$ 为一个满足 $-\log L_{ijk}+R>0$ 的实数。

3）由 Y_{ijk} 的概率密度函数 $f_P(0;-\log L_{ijk}+R)$ 建立如下似然方程

$$\prod_{k=1}^{3}\prod_{j=1}^{N_k}\prod_{i=1}^{M_k}f_P(0;-\log L_{ijk}+R)=\prod_{k=1}^{3}\prod_{j=1}^{N_k}\prod_{i=1}^{M_k}\frac{\exp[-(-\log L_{ijk}+R)](-\log L_{ijk}+R)^0}{0!} \tag{4-12}$$

4）根据以下关系式将 Poisson 分布参数估计问题等效为多元加速退化模型参数估计

问题。

$$\prod_{k=1}^{3}\prod_{j=1}^{N_k}\prod_{i=1}^{M_k}\frac{\exp\left[-\left(-\log L_{ijk}+R\right)\right]\left(-\log L_{ijk}+R\right)^0}{0!}=\prod_{k=1}^{3}\prod_{j=1}^{N_k}\prod_{i=1}^{M_k}\frac{L_{ijk}}{\exp(R)}\propto L$$

$$(4-13)$$

5）在 OpenBUGS 软件中建立基于 Poisson 分布 $Y_{ijk}\sim\mathrm{Poi}(0；-\log L_{ijk}+R)$ 的贝叶斯模型，将 a_p、b_p、c_p、Λ_p、e、f 分别表示为服从无信息先验分布的随机参数，并设定各待估参数的初值。

6）利用基于 Gibbs 抽样的马尔可夫链蒙特卡洛方法经过多步的迭代，获得 a_p、b_p、c_p、Λ_p、e、f 的后验均值。

7）判断各随机参数的后验分布是否收敛，如果收敛则说明参数估计有效，参数估计值为 a_p、b_p、c_p、Λ_p、e、f 的后验均值；如果不收敛，需要在调整各随机参数的先验分布、参数初值、迭代步数后重新进行参数估计，直到各随机参数的后验分布都达到收敛。

4.2.3　可靠性评定

估计出多元加速退化模型的参数值后，可外推出继电器各退化参数在常温 T_0 下的 Wiener 退化模型参数值为 $\hat{\mu}_{p0}=\exp(\hat{a}_p-\hat{b}_p/T_0)$，$\hat{\sigma}_{p0}^2=\exp(\hat{c}_p-\hat{b}_p/T_0)$，$\hat{\Lambda}_{p0}=\hat{\Lambda}_p$，Copula 函数参数值为 $\hat{\theta}_0=\exp(\hat{e}-\hat{f}/T_0)$，进而确定出此型继电器在 T_0 下的可靠性模型为

$$R_0(t)=P\left(\sup_{s\leqslant t}X_{1,0}(s)<D_1,\sup_{s\leqslant t}X_{2,0}(s)<D_2\right) \qquad (4-14)$$

根据文献 [20]，当 $\hat{\sigma}_{p0}$ 较小时，上式可简化为

$$R_0(t)=P(X_{1,0}(t)<D_1,X_{2,0}(t)<D_2)=C(G_{1,0}(D_1\mid t),G_{2,0}(D_2\mid t);\hat{\theta}_0) \qquad (4-15)$$

式中

$$G_{p,0}(D_p\mid t)=\Phi\left(\frac{D_p-\hat{\mu}_{p0}t^{\hat{\Lambda}_p}}{\hat{\sigma}_{p0}t^{0.5\hat{\Lambda}_p}}\right)-\exp\left(\frac{2\hat{\mu}_{p0}D_p}{\hat{\sigma}_{p0}^2}\right)\Phi\left(-\frac{\hat{\mu}_{p0}t^{\hat{\Lambda}_p}+D_p}{\hat{\sigma}_{p0}t^{0.5\hat{\Lambda}_p}}\right) \qquad (4-16)$$

如果 $X_{1,k}(t)$ 与 $X_{2,k}(t)$ 之间没有耦合性，继电器的可靠性模型为

$$R_0^*(t)=G_{1,0}(D_1\mid t)\times G_{2,0}(D_2\mid t) \qquad (4-17)$$

4.2.4　案例应用

为了掌握某型继电器在长期贮存过程中的可靠性变化规律，首先分析了此型继电器的失效模式与失效机理，得出：1）接触电阻增大、释放电压降低是产品在贮存过程中最主要的两种退化失效模式；2）接触电阻增大与释放电压降低两种失效过程存在某种程度的耦合性；3）温度是导致继电器接触电阻增大、释放电压降低的主要环境应力。然后，随机选取了 24 个继电器样品进行加速温度应力可靠性试验，具体试验信息为：

1）在常温 25 ℃（298.16 K）下分别测量每个样品的接触电阻初值 x_0、释放电压初

值 y_0；

2）24 个样品被平均分配到 3 个高温试验箱内，箱内的温度分别设为 60 ℃（333.16 K），90 ℃（363.16 K），120 ℃（393.16 K）；

3）试验过程中每隔 0.4 千小时测量一次所有样品的接触电阻值 x 与释放电压值 y，试验截止时间为 2.8 千小时。

试验样品的接触电阻测量值 x 见表 4-1，释放电压测量值 y 见表 4-2。图 4-1、图 4-2、图 4-3 分别展示了样品接触电阻测量值 x 及释放电压测量值 y 在各加速温度水平下的退化轨迹。当接触电阻测量值 x 相对于初值 x_0 的变化量首次达到 20 mΩ 时或当释放电压测量值 y 相对于初值 y_0 的变化量首次达到 2 V 时，发生退化失效。

表 4-1　试验样品的接触电阻测量值　　　　　　　　（单位：mΩ）

加速温度	序号	测量时间 $t/1\,000$ h							
		0	0.4	0.8	1.2	1.6	2.0	2.4	2.8
T_1	1	8.33	8.84	8.96	9.12	9.58	10.33	10.12	10.57
	2	8.01	8.68	9.84	9.56	10.12	10.67	11.32	11.50
	3	7.38	8.42	8.50	8.96	9.71	9.92	10.38	10.61
	4	7.65	8.51	9.05	9.80	9.68	10.21	10.78	11.32
	5	6.82	7.90	8.11	8.52	8.95	9.40	9.98	9.80
	6	7.70	8.85	9.35	10.21	10.25	11.12	10.88	11.26
	7	7.43	9.12	8.62	8.84	9.26	9.95	10.03	9.98
	8	8.28	8.76	9.38	9.66	10.22	10.79	11.51	12.06
T_2	9	8.05	9.48	9.87	10.78	11.82	13.70	13.81	14.22
	10	7.66	8.80	10.38	12.14	11.90	13.14	14.20	13.85
	11	7.96	8.52	9.77	11.72	12.25	12.93	13.88	14.26
	12	7.25	7.98	8.93	10.21	12.08	13.55	13.96	15.20
	13	8.08	8.67	10.21	11.80	13.21	14.26	14.85	15.57
	14	6.60	8.65	9.96	11.53	13.37	13.20	14.72	14.85
	15	8.18	9.96	11.46	12.28	13.85	14.69	15.53	15.82
	16	8.20	9.18	10.58	12.43	12.98	13.70	14.22	13.94
T_3	17	8.27	9.98	11.66	13.35	15.38	16.27	16.92	18.06
	18	8.67	9.83	11.11	12.82	13.84	15.33	17.06	17.85
	19	8.10	9.85	12.13	13.21	15.07	17.02	17.71	18.35
	20	7.85	9.27	10.86	12.55	14.90	16.63	18.00	19.21
	21	8.52	10.38	12.96	14.23	16.68	18.22	18.70	19.55
	22	8.22	10.45	12.52	14.18	14.89	16.84	17.73	18.86
	23	8.05	10.12	11.98	13.55	15.86	17.34	18.61	19.60
	24	8.71	9.62	11.09	13.10	15.05	17.25	18.47	20.30

表 4 - 2　试验样品的释放电压测量值　　　　　　　　　（单位：V）

加速温度	序号	测量时间 $t/1\,000$ h							
		0	0.4	0.8	1.2	1.6	2.0	2.4	2.8
T_1	1	4.525	4.502	4.471	4.435	4.415	4.388	4.341	4.318
	2	4.466	4.450	4.438	4.422	4.405	4.376	4.323	4.302
	3	4.445	4.432	4.416	4.404	4.391	4.377	4.370	4.338
	4	4.651	4.633	4.592	4.558	4.521	4.487	4.450	4.422
	5	4.487	4.471	4.477	4.451	4.436	4.415	4.388	4.376
	6	4.505	4.481	4.457	4.435	4.420	4.408	4.402	4.391
	7	4.518	4.500	4.494	4.465	4.428	4.421	4.395	4.384
	8	4.630	4.597	4.571	4.536	4.509	4.488	4.460	4.431
T_2	9	4.535	4.502	4.466	4.412	4.375	4.340	4.292	4.251
	10	4.386	4.335	4.307	4.268	4.236	4.227	4.195	4.177
	11	4.510	4.478	4.425	4.390	4.331	4.289	4.230	4.186
	12	4.628	4.551	4.506	4.465	4.411	4.378	4.319	4.232
	13	4.551	4.485	4.422	4.373	4.331	4.290	4.185	4.112
	14	4.442	4.388	4.300	4.247	4.198	4.121	4.076	4.023
	15	4.572	4.495	4.426	4.351	4.267	4.182	4.120	4.047
	16	4.396	4.360	4.287	4.205	4.133	4.084	4.002	3.981
T_3	17	4.485	4.372	4.225	4.088	3.925	3.791	3.668	3.550
	18	4.622	4.531	4.387	4.305	4.156	4.038	3.887	3.719
	19	4.506	4.326	4.188	4.033	3.893	3.785	3.660	3.525
	20	4.618	4.487	4.350	4.221	4.058	3.892	3.737	3.602
	21	4.550	4.418	4.222	4.106	3.884	3.693	3.478	3.327
	22	4.510	4.386	4.255	4.128	3.970	3.771	3.505	3.368
	23	4.445	4.287	4.130	3.995	3.850	3.702	3.588	3.426
	24	4.533	4.394	4.255	4.069	3.958	3.827	3.660	3.495

　　首先，对此型继电器产品建立多元耦合加速退化模型，如式（4 - 9）所示，其中 Copula 函数类型分别选用 Clayton Copula、Frank Copula。然后，利用第 4.2.2 节中所提方法进行参数估计。当选用 Clayton Copula 时，估计出各参数值见表 4 - 3，当选用 Frank Copula 时，估计出各参数值见表 4 - 4。比较表 4 - 3 与表 4 - 4 中的参数估计结果，各参数的后验均值虽然相差不大但均有一定变化，说明选用不同的 Copula 函数会影响最终的参数估计结果。通过比较 AIC 值，选用 Clayton Copula 的多元加速退化模型能够与试验数据拟合得更优。

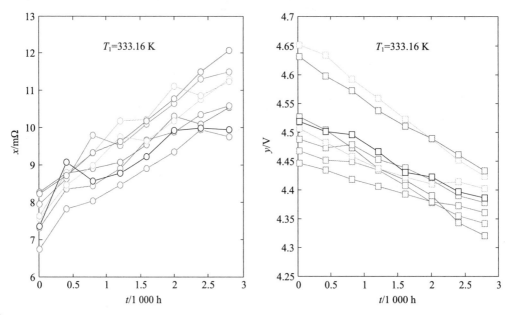

图 4-1　试验样品在 T_1 下的接触电阻及释放电压测量值（见彩插）

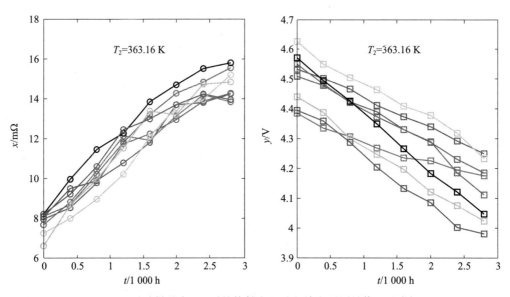

图 4-2　试验样品在 T_2 下的接触电阻及释放电压测量值（见彩插）

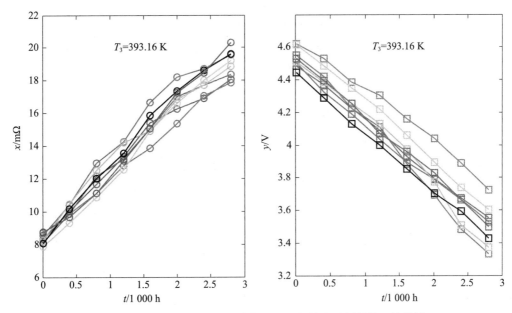

图 4 - 3　试验样品在 T_3 下的接触电阻及释放电压测量值（见彩插）

表 4 - 3　选用 Clayton Copula 时的参数估计情况

参数	估计结果				
	Mean	SD	MC_error	2.5%	97.5%
a_1	5.185	0.062	2.231E−3	5.065	5.305
c_1	4.015	0.118	3.431E−3	3.781	4.254
b_1	1524.0	2.081	0.353	1 518.0	1 528.0
a_2	2.380	0.064	3.535E−3	2.247	2.498
c_2	−1.580	0.120	3.806E−3	−1.813	−1.349
b_2	1 502.0	6.594	1.169	1 493.0	1 515.0
e	6.812	0.839 0	0.053	6.269	7.612
f	1 477.0	2.930	0.510	1 471.0	1 483.0
Λ_1	0.872	0.040	9.864E−4	0.788	0.950
Λ_2	1.044	0.044	1.242E−3	0.955	1.127

表 4 - 4　选用 Frank Copula 时的参数估计情况

参数	估计结果				
	Mean	SD	MC_error	2.5%	97.5%
a_1	5.215	0.061	1.298E−3	5.098	5.330
c_1	4.007	0.116	2.812E−3	3.785	4.237
b_1	1 532.0	1.667	0.277	1 528.0	1 535.0
a_2	2.393	0.062	2.723E−3	2.260	2.508

续表

参数	估计结果				
	Mean	SD	MC_error	2.5%	97.5%
c_2	−1.547	0.122	3.581E−3	−1.783	−1.305
b_2	1 503.0	5.016	0.887	1 496.0	1 513.0
e	6.240	0.398	0.043	5.502	6.937
f	1 476.0	3.001	0.524	1 470.0	1 482.0
Λ_1	0.868	0.041	9.762E−4	0.786	0.950
Λ_2	1.031	0.045	1.069E−3	0.943	1.114

最后，确定出此型继电器在 T_0 下基于 Clayton 函数的可靠性模型。模型中的各参数值为 $\hat{\mu}_{10} = 1.076, \hat{\sigma}_{10}^2 = 0.334, \hat{\Lambda}_{10} = 0.872, D_1 = 20, \hat{\mu}_{20} = 7.012\mathrm{E}{-2}, \hat{\sigma}_{20}^2 = 1.337\mathrm{E}{-3}, \hat{\Lambda}_{20} = 1.044, D_2 = 2, \hat{\theta}_0 = 6.413$。可靠性模型为

$$R_0(t) = [G_{1,0}(D_1 \mid t)^{-6.413} + G_{2,0}(D_2 \mid t)^{-6.413} - 1]^{-0.156}$$

式中

$$G_{1,0}(D_1 \mid t) = \Phi\left(\frac{20 - 1.076t^{0.872}}{0.578t^{0.436}}\right) - 9.370\mathrm{E}55 \cdot \Phi\left(-\frac{20 + 1.076t^{0.872}}{0.578t^{0.436}}\right)$$

$$G_{2,0}(D_2 \mid t) = \Phi\left(\frac{2 - 7.012\mathrm{E}{-2} \cdot t^{1.044}}{3.656\mathrm{E}{-2} \cdot t^{0.522}}\right) - 1.342\mathrm{E}92 \cdot \Phi\left(-\frac{2 + 7.012\mathrm{E}{-2} \cdot t^{1.044}}{3.656\mathrm{E}{-2} \cdot t^{0.522}}\right)$$

如果认为接触电阻退化过程与释放电压退化过程之间是相互独立的，继电器的可靠性模型为 $R_0^*(t) = G_{1,0}^*(D_1 \mid t) \times G_{2,0}^*(D_2 \mid t)$。可分别估计出两个性能参数对应的加速退化模型参数值，从而确定 $G_{1,0}^*(D_1 \mid t)$、$G_{2,0}^*(D_2 \mid t)$ 的表达式。接触电阻加速退化模型的参数估计情况见表 4−5，释放电压加速退化模型的参数估计情况见表 4−6。

表 4−5　接触电阻加速退化模型的参数估计情况

参数	估计结果				
	Mean	SD	MC_error	2.5%	97.5%
a_1	5.216	0.052	3.709E−3	5.115	5.318
c_1	3.975	0.090	3.459E−3	3.802	4.155
b_1	1 523.0	11.520	1.311	1 502.0	1 544.0
Λ_1	0.867 5	0.028	8.228E−4	0.813	0.924

表 4−6　释放电压加速退化模型的参数估计情况

参数	估计结果				
	Mean	SD	MC_error	2.5%	97.5%
a_2	2.471	0.058	4.794E−3	2.355	2.580

续表

参数	估计结果				
	Mean	SD	MC_error	2.5%	97.5%
c_2	-1.505	0.089	3.754E$-$3	-1.676	-1.327
b_2	1 530.0	15.2	1.732	1 500.0	1 556.0
Λ_2	1.033	0.029	7.557E$-$4	0.978	1.089

图 4 - 4 中展示了 $R_0(t)$ 与 $R_0^*(t)$ 的变化曲线。

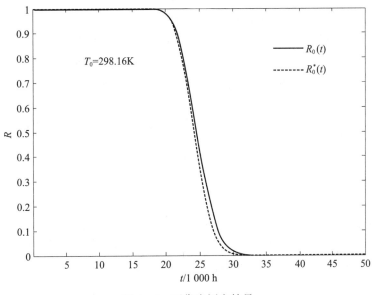

图 4 - 4　可靠度评定结果

$R_0(t)$ 与 $R_0^*(t)$ 之间较为接近，说明本案例中两个退化过程之间的耦合性对最终可靠性评定结果影响不大，但是如果不考虑接触电阻退化过程与释放电压退化过程之间的耦合性，所得可靠性评定结果较为保守。

4.2.5　结果分析

1）提出了一种考虑退化增量耦合性的多元加速退化数据统计分析方法，其建模方法与参数估计方法都具有较好的工程应用性，解决了某型弹载继电器产品的可靠性评定难题，评定结果与工程实际相符。

2）结合 Possion 分布概率密度函数提出了一种基于 Bayesian MCMC 的参数估计方法，有效解决了因多元加速退化模型参数过多导致的传统估计方法不适用的难题。

3）Copula 函数能够描述多元退化过程之间的耦合性，但也给可靠性建模与参数估计增加了难度，忽略多元退化过程之间的耦合性将会得到保守的可靠性评定结果。

4.3　考虑边缘生存函数耦合性的多元加速退化数据统计分析方法

　　某些弹载退化失效型产品的失效机理复杂,多种退化失效过程同时并存,并且具有失效模式多样化、失效过程相关化的特点。通过现有的加速应力可靠性试验容易获取此类产品的多元加速退化数据,然而,如何有效统计分析多元加速退化数据尚存在较多难点,制约了产品可靠性评定的准确性与可信性[125]。

　　4.2 节中研究了考虑退化增量耦合性的多元加速退化数据统计分析方法,其中可靠性建模的主要特点为:基于 Wiener 过程分别建立各性能参数的退化模型,假定多元退化增量间具有耦合性并采用 Copula 函数进行耦合性建模。这种建模方法要求多元退化数据是同步测量的,否则难以建立退化增量间的耦合性模型,因此限制了此类方法的应用范围。本节提出了一种考虑边缘生存函数耦合性的多元加速退化数据统计分析方法,相对于 4.2 节中所提方法具有更广的适用范围,主要特点为:假定各边缘生存函数之间具有耦合性,并根据拟合优劣选择最优的随机退化模型推导出各边缘生存函数。通过 O 形橡胶密封圈可靠性评定实例验证了所提方法的可行性与实用性。

4.3.1　基本假定

　　假定 1:$X_{i,k}(t \mid \boldsymbol{\Omega}_{i,k})$ 为产品在第 k 个加速应力 S_k 下第 i 个性能退化过程,产品失效是 p 个性能退化过程共同作用的结果,任一性能退化过程 $X_{i,k}(t \mid \boldsymbol{\Omega}_{i,k})$ 首次达到失效阈值 D_i 时产品发生退化失效,其中 $S_1 < \cdots < S_k < \cdots < S_h$;$i=1,2,\cdots,p$;$\boldsymbol{\Omega}_{i,k}$ 为参数向量。

　　假定 2:由 $X_{i,k}(t \mid \boldsymbol{\Omega}_{i,k})$ 能够推导出产品在常应力 S_0 下的边缘生存函数 $R_{i,0}(t \mid \boldsymbol{\Omega}_{i,0})$,同一时刻 p 个 $R_{i,0}(t \mid \boldsymbol{\Omega}_{i,0})$ 之间具有耦合性,并且这种耦合性可以利用某 Copula 函数 $C_p(\theta)$ 进行描述,其中 θ 为 Copula 函数的参数。

　　假定 3:加速应力水平的变化不改变产品的性能退化模型类型,也不改变各边缘生存函数的类型。

　　根据以上假定,构建产品在常应力 S_0 下的可靠性模型 $R_0(t)$ 为

$$R_0(t) = P[X_{1,0}(t \mid \boldsymbol{\Omega}_{1,0}) < D_1,\cdots,X_{i,0}(t \mid \boldsymbol{\Omega}_{i,0}) < D_i,\cdots,X_{p,0}(t \mid \boldsymbol{\Omega}_{p,0}) < D_p]$$
$$= C_p(P[X_{1,0}(t \mid \boldsymbol{\Omega}_{1,0}) < D_1],\cdots,P[X_{i,0}(t \mid \boldsymbol{\Omega}_{i,0}) < D_i],\cdots,$$
$$P[X_{p,0}(t \mid \boldsymbol{\Omega}_{p,0}) < D_p];\theta)$$
$$= C_p(F_{X_{1,0}}(D_1 \mid \boldsymbol{\Omega}_{1,0}),\cdots,F_{X_{i,0}}(D_i \mid \boldsymbol{\Omega}_{i,0}),\cdots,F_{X_{p,0}}(D_p \mid \boldsymbol{\Omega}_{p,0});\theta_0)$$

　　为了确定出 $R_0(t)$ 中的各未知参数从而开展可靠性评定,需要对多元加速退化数据进行有效、合理的统计分析,包含如下工作:

　　1)确定产品第 i 个退化过程 $X_{i,k}(t \mid \boldsymbol{\Omega}_{i,k})$ 所对应的退化模型 DM_i,从而推导出边缘生存函数 $R_{i,k}(t \mid \boldsymbol{\Omega}_{i,k})$;

　　2)选取能够准确描述各边缘生存函数 $R_{i,k}(t \mid \boldsymbol{\Omega}_{i,k})$ 之间耦合性的 Copula 函数;

3）辨识 Copula 函数的参数是否与加速应力 S_k 相关，建立 Copula 参数的加速模型；

4）分别估计各边缘生存函数的参数值与 Copula 函数的参数值；

5）利用参数估计值外推出 $R_0(t)$ 中的各参数值 $\hat{\boldsymbol{\Omega}}_{1,0}$，…，$\hat{\boldsymbol{\Omega}}_{p,0}$，$\hat{\theta}_0$。

4.3.2　建模方法

4.3.2.1　建立加速退化模型

（1）Wiener 加速退化模型

设产品在加速应力 S_k 下的性能退化过程 $X_{1,k}(t \mid \boldsymbol{\Omega}_{1,k})$ 为 Wiener 过程，则 $X_{1,k}(t \mid \boldsymbol{\Omega}_{1,k})$ 可被记为

$$X_{1,k}(t \mid \boldsymbol{\Omega}_{1,k}) = \mu_k t^{\Lambda 1,k} + \sigma_k B(t^{\Lambda 1,k})$$

式中，μ_k 为漂移参数；σ_k 为扩散参数；$\Lambda_{1,k}$ 为时间函数的参数；$B(\cdot)$ 表示标准布朗运动；$\boldsymbol{\Omega}_{1,k} = (\mu_k, \sigma_k, \Lambda_{1,k})$。

令 $\Delta X_{1,k}(t) = X_{1,k}(t + \Delta t \mid \boldsymbol{\Omega}_{1,k}) - X_{1,k}(t \mid \boldsymbol{\Omega}_{1,k})$ 表示 $X_{1,k}(t \mid \boldsymbol{\Omega}_{1,k})$ 的退化增量，$\Delta X_{1,k}(t)$ 应该服从如下形式的 Normal 分布

$$\Delta X_{1,k}(t) \sim N(\mu_k \Delta\Lambda_{1,k}(t), \sigma_k^2 \Delta\Lambda_{1,k}(t)) \tag{4-18}$$

式中，$\Delta\Lambda_{1,k}(t) = (t + \Delta t)^{\Lambda 1,k} - t^{\Lambda 1,k}$。

失效时间 $T_{1,k}$ 定义为 $X_{1,k}(t \mid \boldsymbol{\Omega}_{1,k})$ 首次到达失效阈值 D_1 的时刻，可以将其表示为 $T_{1,k} = \inf\{t \mid X_{1,k}(t \mid \boldsymbol{\Omega}_{1,k}) \geqslant D_1\}$。根据 Wiener 过程的统计特性，$T_{1,k}$ 应该服从 Inverse Gaussian 分布[209,210]，据此推导出边缘生存函数 $R_{1,k}(t \mid \boldsymbol{\Omega}_{1,k})$ 为

$$R_{1,k}(t \mid \boldsymbol{\Omega}_{1,k}) = \Phi\left(\frac{D_1 - \mu_k t^{\Lambda 1,k}}{\sigma_k t^{0.5\Lambda 1}}\right) - \exp\left(\frac{2\mu_k D_1}{\sigma_k^2}\right)\Phi\left(-\frac{\mu_k t^{\Lambda 1,k} + D_1}{\sigma_k t^{0.5\Lambda 1,k}}\right) \tag{4-19}$$

获得参数估计值 $\hat{\boldsymbol{\Omega}}_{1,k}$ 后，通过如下方法验证 $X_{1,k}(t \mid \hat{\boldsymbol{\Omega}}_{1,k})$ 是否服从 Wiener 退化过程，从式（4-18）推导出如下标准 Normal 分布

$$\frac{\Delta X_{1,k}(t) - \hat{\mu}_k \Delta\Lambda_{1,k}(t)}{\hat{\sigma}_k \sqrt{\Delta\Lambda_{1,k}(t)}} \sim N(0,1) \tag{4-20}$$

检验上式是否成立则可验证出 $X_{1,k}(t \mid \hat{\boldsymbol{\Omega}}_{1,k})$ 是否服从 Wiener 退化过程。

根据文献［199］的研究结论，μ_k、σ_k 与加速应力 S_k 相关，而 $\Lambda_{1,k}$ 与 S_k 无关，并且 μ_k、σ_k 值应该随着 S_k 值呈比例变化。假定加速应力 S_k 为在绝对温度 T_k 下采用 Arrhenius 方程建立参数的加速模型，$\boldsymbol{\Omega}_{1,k}$ 中各项被表示为

$$\mu_k = \exp(\eta_1 - \eta_2/T_k) \tag{4-21}$$

$$\sigma_k^2 = \exp(\eta_3 - \eta_2/T_k) \tag{4-22}$$

$$\Lambda_{1,k} = \Lambda_1 \tag{4-23}$$

式中，η_1、η_2、η_3、Λ_1 为待估系数。

（2）Gamma 加速退化模型

设性能退化过程 $X_{2,k}(t \mid \boldsymbol{\Omega}_{2,k})$ 为 Gamma 过程，则独立退化增量 $\Delta X_{2,k}(t) =$

$X_{2,k}(t+\Delta t \mid \boldsymbol{\Omega}_{2,k})-X_{2,k}(t \mid \boldsymbol{\Omega}_{2,k})$ 应该满足如下形式的 Gamma 分布[61]

$$\Delta X_{2,k}(t) \sim \mathrm{Ga}(\alpha_k \Delta\Lambda_{2,k}(t), \beta_k) \tag{4-24}$$

式中，α_k 为形状参数；β_k 为尺度参数；$\Delta\Lambda_{2,k}(t)=(t+\Delta t)^{\Lambda_{2,k}}-t^{\Lambda_{2,k}}$ 表示时间增量；$\boldsymbol{\Omega}_{2,k}=(\alpha_k, \beta_k, \Lambda_{2,k})$。根据关系式 $X_{2,k}(t \mid \boldsymbol{\Omega}_{2,k}) \sim \mathrm{Ga}(\alpha_k t^{\Lambda_{2,k}}, \beta_k)$ 推导出 $X_{2,k}(t \mid \boldsymbol{\Omega}_{2,k})$ 的累积分布函数为

$$F_{2,k}(X_{2,k})=\frac{\beta_k^{-\alpha_k t^{\Lambda_{2,k}}}}{\Gamma(\alpha_k t^{\Lambda_{2,k}})} \int_0^{X_{2,k}} x^{\alpha_k t^{\Lambda_{2,k}}-1} \exp\left(-\frac{u}{\beta_k}\right) \mathrm{d}u \tag{4-25}$$

式中，$\Gamma(x)=\int_0^\infty \exp(-t)t^{x-1}\mathrm{d}t$ 为 Gamma 函数。令 $T_{2,k}=\{t \mid X_{2,k}(t \mid \boldsymbol{\Omega}_{2,k}) \geqslant D_2\}$ 表示 $X_{2,k}(t \mid \boldsymbol{\Omega}_{2,k})$ 首次到达失效阈值 D_2 的时刻，则 $R_{2,k}(t \mid \boldsymbol{\Omega}_{2,k})$ 可根据式（4-25）推导出

$$\begin{aligned}R_{2,k}(t \mid \Omega_{2,k}) &= P(X_{2,k}(t \mid \Omega_{2,k}) < D_2)\\ &=\frac{\beta_k^{-\alpha_k t^{\Lambda_{2,k}}}}{\Gamma(\alpha_k t^{\Lambda_{2,k}})} \int_{-\infty}^{D_2} x^{\alpha_k t^{\Lambda_{2,k}}-1} \exp(-x/\beta_k)\,\mathrm{d}x = 1-\frac{\Gamma(\alpha_k t^{\Lambda_{2,k}}, D_2/\beta_k)}{\Gamma(\alpha_k t^{\Lambda_{2,k}})}\end{aligned} \tag{4-26}$$

式中，$\Gamma(A, X)=\int_X^\infty \exp(-t) \cdot t^{A-1}\mathrm{d}t$ 表示不完全 Gamma 函数。

如果 $X_{2,k}(t \mid \hat{\boldsymbol{\Omega}}_{2,k})$ 服从 Gamma 退化过程，$\Delta X_{2,k}(t)\hat{\beta}_k/(\Delta\Lambda_{2,k}(t)\hat{\alpha}_k)$ 应该近似服从一个均值为 $1-1/(9\Delta\Lambda_{2,k}(t)\hat{\alpha}_k)$，方差为 $1/(9\Delta\Lambda_{2,k}(t)\hat{\alpha}_k)$ 的 Normal 分布，可转换成如下标准 Normal 分布

$$\frac{9\Delta X_{2,k}(t)\hat{\beta}_k-9\Delta\Lambda_{2,k}(t)\hat{\alpha}_k+1}{3\sqrt{\Delta\Lambda_{2,k}(t)\hat{\alpha}_k}} \sim N(0,1) \tag{4-27}$$

检验上式是否成立就能够验证出 $X_{2,k}(t \mid \hat{\boldsymbol{\Omega}}_{2,k})$ 是否服从 Gamma 退化过程。根据文献［199］的研究结论，α_k 与加速应力 S_k 相关，但 β_k、$\Lambda_{2,k}$ 与 S_k 无关。假定加速应力 S_k 为在绝对温度 T_k 下采用 Arrhenius 方程建立参数的加速模型，$\boldsymbol{\Omega}_{2,k}$ 中各项被表示为

$$\alpha_k=\exp(\eta_1-\eta_2/T_k) \tag{4-28}$$

$$\beta_k=\eta_3 \tag{4-29}$$

$$\Lambda_{2,k}=\Lambda_2 \tag{4-30}$$

式中，η_1、η_2、η_3、Λ_2 为待估系数。

（3）Inverse Gaussian 加速退化模型

设性能退化过程 $X_{3,k}(t \mid \boldsymbol{\Omega}_{3,k})$ 为 Inverse Gaussian 过程，则独立退化增量 $\Delta X_{3,k}(t)=X_{3,k}(t+\Delta t \mid \boldsymbol{\Omega}_{3,k})-X_{3,k}(t \mid \boldsymbol{\Omega}_{3,k})$ 应该服从如下形式的 Inverse Gaussian 分布

$$\Delta X_{3,k}(t) \sim \mathrm{IG}(\delta_k \Delta\Lambda_{3,k}(t), \lambda_k \Delta\Lambda_{3,k}^2(t)) \tag{4-31}$$

式中，δ_k 为均值；λ_k 为尺度参数；$\Delta\Lambda_{3,k}(t)=(t+\Delta t)^{\Lambda_{3,k}}-t^{\Lambda_{3,k}}$ 表示时间增量；$\boldsymbol{\Omega}_{3,k}=(\delta_k, \lambda_k, \Lambda_{3,k})$。根据关系式 $X_{3,k}(t \mid \boldsymbol{\Omega}_{3,k}) \sim \mathrm{IG}(\delta_k\Lambda_{3,k}(t), \lambda_k\Lambda_{3,k}^2(t))$，推导出

$X_{3,k}(t \mid \boldsymbol{\Omega}_{3,k})$ 的密度函数为

$$f(X_{3,k}) = \sqrt{\frac{\lambda_k t^{2\Lambda_{3,k}}}{2\pi (X_{3,k})^3}} \exp\left[-\frac{\lambda_k}{2X_{3,k}}\left(\frac{X_{3,k}}{\delta_k} - t^{\Lambda_{3,k}}\right)^2\right] \tag{4-32}$$

令 $T_{3,k} = \{t \mid X_{3,k}(t \mid \boldsymbol{\Omega}_{3,k}) \geqslant D_3\}$ 表示 $X_{3,k}(t \mid \boldsymbol{\Omega}_{3,k})$ 首次到达失效阈值 D_3 的时刻，获得 $R_{3,k}(t \mid \boldsymbol{\Omega}_{3,k})$ 的表达式为[150,151]

$$R_{3,k}(t \mid \boldsymbol{\Omega}_{3,k}) = \Phi\left(\sqrt{\frac{\lambda_k}{D_3}}\left(\frac{D_3}{\delta_k} - t^{\Lambda_{3,k}}\right)\right) + \exp\left(-\frac{2\lambda_k t^{\Lambda_{3,k}}}{\delta_k}\right)\Phi\left(-\sqrt{\frac{\lambda_k}{D_3}}\left(\frac{D_3}{\delta_k} + t^{\Lambda_{3,k}}\right)\right) \tag{4-33}$$

如果 $X_{3,k}(t \mid \hat{\boldsymbol{\Omega}}_{3,k})$ 服从 Inverse Gaussian 退化过程，则 $\hat{\lambda}_k(\Delta X_{3,k}(t) - \hat{\delta}_k \Delta\Lambda_{3,k}(t))^2 / (\hat{\delta}_k^2 \Delta X_{3,k}(t))$ 应该近似服从自由度为 1 的 χ^2 分布，据此可验证 $X_{3,k}(t \mid \hat{\boldsymbol{\Omega}}_{3,k})$ 是否服从 Inverse Gaussian 退化过程。根据文献 [199] 的研究结论，δ_k、λ_k 都与加速应力 S_k 相关，但 $\Lambda_{3,k}$ 与 S_k 无关，并且 δ_k、λ_k 应该随 S_k 呈比例变化。假定加速应力 S_k 为在绝对温度 T_k 下采用 Arrhenius 方程建立参数的加速模型，$\boldsymbol{\Omega}_{3,k}$ 中各项被表示为

$$\delta_k = \exp(\eta_1 - \eta_2/T_k) \tag{4-34}$$

$$\lambda_k = \exp(2\eta_3 - 2\eta_2/T_k) \tag{4-35}$$

$$\Lambda_{3,k} = \Lambda_3 \tag{4-36}$$

式中，η_1、η_2、η_3、Λ_3 为待估系数。

4.3.2.2　基于 Copula 函数的耦合性建模

为了方便阐述，基于二元 Copula 函数介绍边缘生存函数的耦合性建模方法。设 $C_2(u, v)$ 为变量 u、v 的 Copula 函数，它的基本性质为[211]：

1) $C_2(u, v) : \boldsymbol{I}^2 \to I$，其中 $\boldsymbol{I}$ 的值域为 $[0, 1]$；

2) $\forall u, v$，存在 $C_2(u, 0) = C_2(0, v) = 0$，以及 $C_2(u, 1) = u$，$C_2(1, v) = v$；

3) $\forall u_1 \leqslant u_2$，$v_1 \leqslant v_2$，以下关系式恒成立

$$C_2(u_1, v_1) + C_2(u_2, v_2) - C_2(u_1, v_2) - C_2(u_2, v_1) \geqslant 0$$

目前，被广泛研究和使用的 Copula 函数包括 4 类，分别为 Gaussian Copula、Frank Copula、Gumbel Copula 及 Clayton Copula。各类 Copula 对应的分布函数 $C(u, v \mid \theta)$ 及密度函数 $c(u, v \mid \theta)$ 表达式见表 4-7。

设 $H_k(t_1, t_2)$ 为边缘生存函数 $R_{1,k}(t_1 \mid \boldsymbol{\Omega}_{1,k})$、$R_{2,k}(t_2 \mid \boldsymbol{\Omega}_{2,k})$ 的联合分布函数，根据 Copula 函数的性质，存在唯一的 Copula 函数使得下式成立

$$H_k(t_1, t_2) = C_2(R_{1,k}(t_1 \mid \boldsymbol{\Omega}_{1,k}), R_{2,k}(t_2 \mid \boldsymbol{\Omega}_{2,k}) \mid \theta_k) \tag{4-37}$$

$H_k(t_1, t_2)$ 的密度函数为

$$f_k(t_1, t_2) = \frac{\partial H(t_1, t_2)}{\partial t_1 \partial t_2}$$

$$= c_2(R_{1,k}(t_1 \mid \hat{\boldsymbol{\Omega}}_{1,k}), R_{2,k}(t_2 \mid \hat{\boldsymbol{\Omega}}_{2,k}) \mid \theta_k) \cdot f_{1,k}(t_1 \mid \hat{\boldsymbol{\Omega}}_{1,k}) \cdot f_{2,k}(t_2 \mid \hat{\boldsymbol{\Omega}}_{2,k}) \tag{4-38}$$

表 4-7 各类 Copula 的分布函数与密度函数

Copula	分布函数 $C(u,v\mid\theta)$	密度函数 $c(u,v\mid\theta)$
Gaussian	$\int_{-\infty}^{\Phi^{-1}(u)}\int_{-\infty}^{\Phi^{-1}(v)}\frac{1}{2\pi\sqrt{1-\theta^2}}\exp\left(-\frac{x^2-2\theta xy+y^2}{2(1-\theta^2)}\right)\mathrm{d}x\mathrm{d}y$	$\Phi\left(\frac{\Phi^{-1}(v)-\theta\cdot\Phi^{-1}(u)}{\sqrt{1-\theta^2}}\right)$
Frank	$-\frac{1}{\theta}\ln\left(1+\frac{(\exp(-\theta u)-1)\cdot(\exp(-\theta v)-1)}{\exp(-\theta)-1}\right)$	$\frac{\theta\cdot[1-\exp(-\theta)]\cdot\exp[-\theta(u+v)]}{\{1-\exp(-\theta)-[1-\exp(-\theta u)][1-\exp(-\theta v)]\}^2}$
Gumbel	$\exp\{-[(-\ln u)^\theta+(-\ln v)^\theta]^{1/\theta}\}$	$\frac{\exp\{-[(-\ln u)^\theta+(-\ln v)^\theta]^{1/\theta}\}\cdot\{[(-\ln u)^\theta+(-\ln v)^\theta]^{1/\theta}+\theta-1\}}{u\cdot v\cdot(-\ln u)^{1-\theta}(-\ln v)^{1-\theta}[(-\ln u)^\theta+(-\ln v)^\theta]^{2-1/\theta}}$
Clayton	$(u^{-\theta}+v^{-\theta}-1)^{-1/\theta}$	$(uv)^{-\theta-1}(u^{-\theta}+v^{-\theta}-1)^{-1/\theta-2}(1+\theta)$

4.3.3　参数估计方法

4.3.3.1　估计边缘生存函数的参数值

假定 $x_{h,j,k}$ 表示 S_k 下第 j 个产品在时间 t_h 的性能退化测量数据，$\Delta x_{h,j,k} = x_{h,j,k} - x_{h-1,j,k}$ 表示性能退化增量，$\Delta \Lambda_{h,j,k} = (t_{h,j,k})^{\Lambda} - (t_{h-1,j,k})^{\Lambda}$ 为时间增量，其中 $h = 1$, 2, $\cdots$, N_1；$j = 1$, 2, $\cdots$, N_2；$k = 1$, 2, $\cdots$, N_3。对于 Wiener、Gamma 及 Inverse Gaussian 退化过程，根据各种独立增量的概率密度函数，分别建立如下似然方程

$$L_W(\psi) = \prod_{h=1}^{N_1} \prod_{j=1}^{N_2} \prod_{k=1}^{N_3} \frac{1}{\sqrt{2\pi \exp(\eta_3 - \eta_2/T_k)\Delta\Lambda_{h,j,k}}} \cdot$$
$$\exp\left\{ -\frac{[\Delta x_{h,j,k} - \exp(\eta_1 - \eta_2/T_k)\Delta\Lambda_{h,j,k}]^2}{2\exp(\eta_3 - \eta_2/T_k)\Delta\Lambda_{h,j,k}} \right\}$$

$$L_{Ga}(\psi) = \prod_{h=1}^{N_1} \prod_{j=1}^{N_2} \prod_{k=1}^{N_3} \frac{(\eta_3 \Delta x_{h,j,k})^{\exp(\eta_1 - \eta_2/T_k)\Delta\Lambda_{h,j,k}} \exp(-\Delta x_{h,j,k}\eta_3)}{\Gamma[\exp(\eta_1 - \eta_2/T_k)\Delta\Lambda_{h,j,k}]\Delta x_{h,j,k}}$$

$$L_{IG}(\psi) = \prod_{h=1}^{N_1} \prod_{j=1}^{N_2} \prod_{k=1}^{N_3} \sqrt{\frac{\exp(\eta_1 - 2\eta_2/T_k)\Delta\Lambda_{h,j,k}^2}{2\pi\Delta x_{\Delta x_{h,j,k}}^3}} \cdot$$
$$\exp\left[-\frac{\exp(\eta_1 - 2\eta_2/T_k)}{2\Delta x_{h,j,k}}\left(\frac{\Delta x_{h,j,k}}{\exp(\eta_1 - \eta_2/T_k)} - \Delta\Lambda_{h,j,k} \right)^2 \right]$$

式中，$\psi = (\eta_1, \eta_2, \eta_3, \Lambda)$。

分别利用 3 种随机过程拟合各性能参数的退化数据，通过极大化如上似然方程估计出参数值及 AIC 值，AIC 值计算公式为 $\mathrm{AIC} = -2 * L(\hat{\psi}) + 2 * n$，其中 n 为待估参数数量，具有最小 AIC 值的随机过程被用于推导边缘生存函数。

4.3.3.2　估计 Copula 函数参数值

由于无法从多元加速退化数据中直接估计出 $\hat{\theta}_k$，设计一种生成间接数据 $R_{1,k}(t \mid \hat{\boldsymbol{\Omega}}_{1,k}), R_{2,k}(t \mid \hat{\boldsymbol{\Omega}}_{2,k})$ 进而估计 $\hat{\theta}_k$ 的方法，包含以下步骤：

1）设 $t_{L,k} = \min\{R_{1,k}^{-1}(0.99), R_{2,k}^{-1}(0.99)\}$，$t_{H,k} = \max\{R_{1,k}^{-1}(0.01), R_{2,k}^{-1}(0.01)\}$；

2）生成 S_k 下的 M 个采样时刻 $t_{j,k}$，公式为 $t_{j,k} = t_{L,k} + \dfrac{t_{H,k} - t_{L,k}}{M-1} \times (j-1)$，$j = 1$, $2, \cdots, M$；

3）分别计算出各采样时刻的边缘生存函数值 $R_{1,k}(t_{j,k} \mid \hat{\boldsymbol{\Omega}}_{1,k})$，$R_{2,k}(t_{j,k} \mid \hat{\boldsymbol{\Omega}}_{2,k})$；

4）建立如下对数似然估计方程

$$\log L(\theta_k) = \sum_{j=1}^{M} \sum_{k=1}^{N_3} c_2(R_{1,k}(t_{j,k} \mid \hat{\boldsymbol{\Omega}}_{1,k}), R_{2,k}(t_{j,k} \mid \hat{\boldsymbol{\Omega}}_{2,k}) \mid \theta_k) +$$
$$\sum_{j=1}^{M} \sum_{k=1}^{N_3} f_{1,k}(t_{j,k} \mid \hat{\boldsymbol{\Omega}}_{1,k}) + f_{2,k}(t_{j,k} \mid \hat{\boldsymbol{\Omega}}_{2,k}) \qquad (4-39)$$

其中 θ_k 考虑以下两种不同情况：1）假定 θ_k 与温度应力 T_k 无关，设 $\theta_k = \theta$；2）假定 θ_k 与

T_k 相关，设 $\theta_k = \exp(\rho_1 + \rho_2/T_k)$；

5）极大化式（4-39）获得估计值 $\hat{\theta}_k$。

由于式（4-39）中的 $\sum_{j=1}^{M} \sum_{k=1}^{N_3} f_{1,k}(t_{j,k} \mid \hat{\boldsymbol{\Omega}}_{1,k}) + f_{2,k}(t_{j,k} \mid \hat{\boldsymbol{\Omega}}_{2,k})$ 与 θ_k 无关，直接极大化 $\sum_{j=1}^{M} \sum_{k=1}^{N_3} c_2(R_{1,k}(t_{j,k} \mid \hat{\boldsymbol{\Omega}}_{1,k}), R_{2,k}(t_{j,k} \mid \hat{\boldsymbol{\Omega}}_{2,k}) \mid \theta_k)$ 即可估计出 $\hat{\theta}_k$。

4.3.4　案例应用

热氧化是某型弹用 O 形橡胶密封圈退化失效的主要失效机理，会造成密封圈压缩永久变形和压缩应力松弛两项性能参数发生退化。对此橡胶密封圈开展了加速应力可靠性评定试验，15 个随机样品被平均分配到 3 组加速温度应力下：$T_1 = 333.16$ K，$T_2 = 363.16$ K，$T_3 = 393.16$ K。开展试验前测量出所有样品压缩永久变形和压缩应力松弛的初始值，试验中在不同时刻测量样品的压缩永久变形值与压缩应力松弛值，将测量值相对于初始值的百分比变化量作为各参数的性能退化数据，失效阈值分别为 $D_1 = 5$，$D_2 = 10$。将压缩永久变形的性能退化过程记为 DP1，将压缩应力松弛的性能退化过程记为 DP2，表 4-8 中列出了 15 个样品的 DP1 退化数据，表 4-9 中列出了 15 个样品的 DP2 退化数据。

表 4-8　橡胶密封圈的 DP1 退化数据

加速应力	$t/1\,000$ h			
	1	3	6	9
T_1	0.336	0.384	0.456	0.744
	0.300	0.348	0.384	0.576
	0.384	0.432	0.540	0.696
	0.432	0.492	0.624	0.840
	0.288	0.336	0.408	0.660
T_2	1.056	1.428	2.472	3.780
	0.660	0.804	1.308	2.148
	0.936	1.152	1.776	2.724
	0.768	0.960	1.476	2.208
	0.660	0.888	1.548	2.436
T_3	1.275	1.918	3.611	5.335
	1.673	2.836	5.110	8.282
	1.652	2.387	3.896	6.263
	1.622	2.458	3.529	6.885
	1.214	1.622	3.091	4.610

表 4 - 9　橡胶密封圈的 DP2 退化数据

加速应力	$t/1\,000\ \text{h}$				
	2	4	6	8	10
T_1	0.52	0.85	1.19	1.07	1.22
	0.36	0.64	0.80	0.81	1.19
	0.34	0.85	0.82	1.11	1.18
	0.51	0.85	0.94	1.09	1.37
	0.46	0.71	1.03	1.35	1.52
T_2	0.83	1.55	1.99	2.67	2.56
	0.93	1.65	2.09	2.58	3.06
	1.01	1.19	1.51	1.82	2.75
	0.97	1.25	1.69	2.01	2.61
	0.89	1.60	1.72	2.03	2.40
T_3	1.23	1.85	2.66	3.47	4.31
	1.02	2.07	2.50	3.63	4.29
	1.50	2.16	2.88	3.33	5.13
	1.34	1.88	2.33	3.53	4.08
	1.23	1.94	2.95	3.19	4.65

　　利用所提方法对表 4 - 8、表 4 - 9 中的多元加速退化数据进行统计分析，评定出产品在常应力 $T_0 = 313.16\ \text{K}$ 下的可靠性。表 4 - 8 中数据显示 DP1 为单调退化过程，分别采用 Wiener、Gamma 及 Inverse Gaussian 拟合 DP1 的退化数据，获得的参数估计值与 AIC 值见表 4 - 10。Inverse Gaussian 过程对应的 AIC 值最小，说明它的拟合效果最好，故选择 Inverse Gausian 过程推导出 DP1 对应的边缘生存函数。

表 4 - 10　三种随机过程的参数估计值与 AIC 值

参数	随机过程退化模型		
	Wiener 过程	Gamma 过程	**Inverse Gaussian 过程**
$\hat{\eta}_1$	13.214	12.065	**10.644**
$\hat{\eta}_2$	5 064.132	4 055.477	**4 015.223**
$\hat{\eta}_3$	11.737	0.240	**11.149**
$\hat{\Lambda}$	0.713	0.675	**0.624**
AIC	52.27	41.05	**39.13**

　　表 4 - 9 中数据显示 DP2 为非单调退化过程，只能采用 Wiener 过程拟合 DP2 的退化数据，估计出模型参数值为 $(\hat{\eta}_1, \hat{\eta}_2, \hat{\eta}_3, \hat{\Lambda}) = (6.971, 2\,859.912, 4.851, 0.800)$。图 4 - 5 展示了样品在 3 个温度应力下的 DP2 退化数据与 Wiener 过程的拟合情况，可见拟合效果较好。

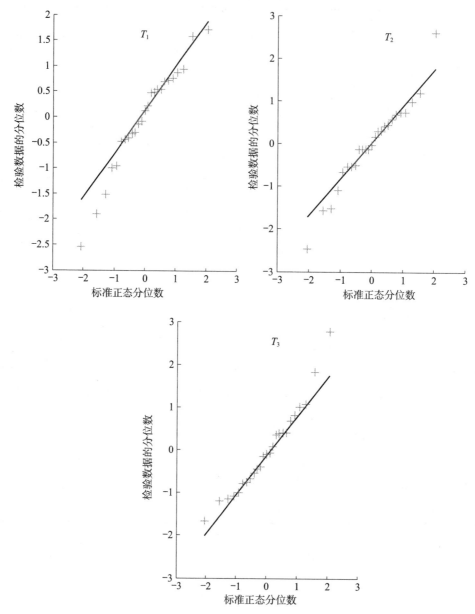

图 4 - 5　DP2 退化数据与 Wiener 过程的拟合情况

　　利用各参数的加速模型外推出 DP1 及 DP2 在 T_0、T_1、T_2、T_3 下的退化模型参数值，见表 4 - 11。

表 4 - 11　不同温度应力下 DP1 与 DP2 的参数估计值

参数		温度应力			
		T_0	T_1	T_2	T_3
DP1	$\hat{\delta}$	0.113	0.245	0.662	1.539
	$\hat{\lambda}$	3.524E−2	0.164	1.204	6.506
	$\hat{\Lambda}_3$	0.624	0.624	0.624	0.624
DP2	$\hat{\mu}$	0.115	0.199	0.405	0.738
	$\hat{\sigma}^2$	1.382E−2	2.390E−2	4.858E−2	8.860E−2
	$\hat{\Lambda}_1$	0.800	0.800	0.800	0.800

根据表 4 - 11 中的参数估计值确定出各边缘生存函数 $R_{i,k}(t \mid \hat{\boldsymbol{\Omega}}_{i,k})$ ，图 4 - 6 至图 4 - 8 展示了 $R_{i,k}(t \mid \hat{\boldsymbol{\Omega}}_{i,k})$ 在各加速温度应力下的变化规律，可以看出温度对 DP1 退化速率的影响大于对 DP2 退化速率的影响。

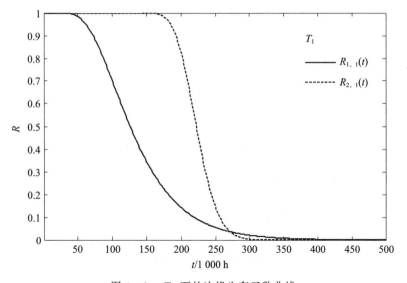

图 4 - 6　T_1 下的边缘生存函数曲线

Gaussian、Frank、Gumbel 及 Clayton Copula 分别被用于描述 $R_{1,k}(t \mid \hat{\boldsymbol{\Omega}}_{1,k})$ 与 $R_{2,k}(t \mid \hat{\boldsymbol{\Omega}}_{2,k})$ 之间的耦合性。比较表 4 - 12 中列出的 AIC 值，可知 Clayton Copula 是建立 $R_{1,k}(t \mid \hat{\boldsymbol{\Omega}}_{1,k})$ 、$R_{2,k}(t \mid \hat{\boldsymbol{\Omega}}_{2,k})$ 耦合性模型的最优选择，此外，假定 θ_k 与 T_k 两者相关比假定 θ_k 与 T_k 无关具有更理想的拟合效果。由于 θ_k 与 T_k 两者之间具有如下关系 $\theta_k = \exp(-3.502 + 1\,528.728/T_k)$ ，可知随着 T_k 变大，$R_{1,k}(t \mid \hat{\boldsymbol{\Omega}}_{1,k})$ 与 $R_{2,k}(t \mid \hat{\boldsymbol{\Omega}}_{2,k})$ 之间的耦合性变弱。

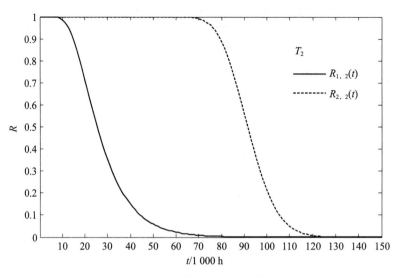

图 4 - 7　T_2 下的边缘生存函数曲线

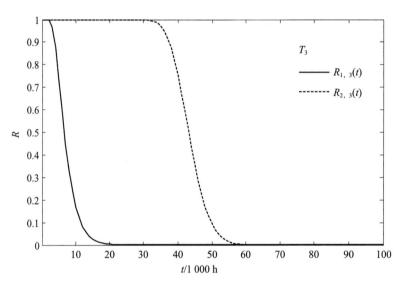

图 4 - 8　T_3 下的边缘生存函数曲线

表 4 - 12　Copula 函数的参数估计值与 AIC 值

参数		Copula 函数类型			
		Frank	Gaussian	Clayton	Gumbel
1	$\hat{\theta}$	3.062	—	20.215	10.5
	AIC	−79.93	—	−201.43	−51.22
2	$\hat{\rho}_1$	−11.809	—	−3.502	−8.551
	$\hat{\rho}_2$	4 649.135	—	1 528.728	3 558.165
	AIC	−119.85	—	**−312.28**	−87.93

注：—表示没有获得估计值。

计算出 Clayton 函数在 T_0 下的参数值为 $\hat{\theta}_0 = 3.974$，确定出 O 形橡胶密封圈在 T_0 下的可靠性模型 $R_0(t)$ 为

$$R_0(t) = \{ [R_{1,0}(t \mid \hat{\boldsymbol{\Omega}}_{1,0})]^{-\hat{\theta}_0} + [R_{2,0}(t \mid \hat{\boldsymbol{\Omega}}_{2,0})]^{-\hat{\theta}_0} - 1 \}^{-1/\hat{\theta}_0}$$

$R_0(t)$ 随边缘生存函数 $R_{1,0}(t \mid \hat{\boldsymbol{\Omega}}_{1,0})$ 及 $R_{2,0}(t \mid \hat{\boldsymbol{\Omega}}_{2,0})$ 的变化轨迹如图 4-9 所示。

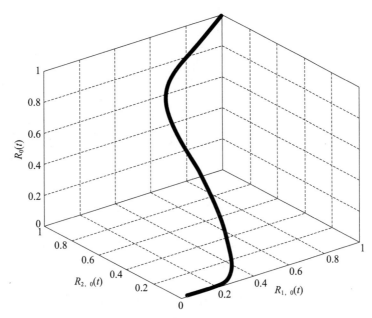

图 4-9　$R_0(t)$ 随 $R_{1,0}(t \mid \hat{\boldsymbol{\Omega}}_{1,0})$ 与 $R_{2,0}(t \mid \hat{\boldsymbol{\Omega}}_{2,0})$ 的变化轨迹

如果不考虑边缘生存函数 $R_{1,k}(t \mid \hat{\boldsymbol{\Omega}}_{1,k})$ 与 $R_{2,k}(t \mid \hat{\boldsymbol{\Omega}}_{2,k})$ 之间的耦合性，O 形橡胶密封圈在 T_0 下的可靠性模型为 $R_0^*(t) = R_{1,0}(t \mid \hat{\boldsymbol{\Omega}}_{1,0}) \cdot R_{2,0}(t \mid \hat{\boldsymbol{\Omega}}_{2,0})$。图 4-10 中描绘了 $R_0^*(t)$、$R_{1,0}(t \mid \hat{\boldsymbol{\Omega}}_{1,0})$、$R_{2,0}(t \mid \hat{\boldsymbol{\Omega}}_{2,0})$ 和 $R_0(t)$ 的变化曲线。

图 4-10 中曲线满足关系式 $R_0^*(t) \leqslant R_0(t) \leqslant \min\{R_{1,0}(t \mid \hat{\boldsymbol{\Omega}}_{1,0}), R_{2,0}(t \mid \hat{\boldsymbol{\Omega}}_{2,0})\}$，这与 Copula 函数的性质一致。如果忽略了 $R_{1,k}(t \mid \hat{\boldsymbol{\Omega}}_{1,k})$ 与 $R_{2,k}(t \mid \hat{\boldsymbol{\Omega}}_{2,k})$ 之间的耦合性，可靠性评定结果会变得保守。

为了开展预防性维修任务，需要获知产品的可靠寿命 ξ_R。由于可靠性模型 $R_0(t)$ 较为复杂，难以通过传统数学解析的方法求取 ξ_R 值。为解决此难题，提出一种基于 MATLAB fzero 函数的递归逼近算法求解 ξ_R，主要步骤为：

1) 定义一个 MATLAB 函数 $f = \text{Rlife}(t, R)$，函数内部设为

$$f = \{ [R_{1,0}(t \mid \hat{\boldsymbol{\Omega}}_{1,0})]^{-\hat{\theta}_0} + [R_{2,0}(t \mid \hat{\boldsymbol{\Omega}}_{2,0})]^{-\hat{\theta}_0} - 1 \}^{-1/\hat{\theta}_0} - R$$

2) 选择一个 ξ_R 的近似值 ξ^* 作为递归逼近算法的初始值；

3) 调用 fzero 函数在 ξ^* 附近求解出 ξ_R 值，调用形式为 $\xi_R = \text{fzero}(@(t) \text{Rlife}(t, R), \xi^*)$。

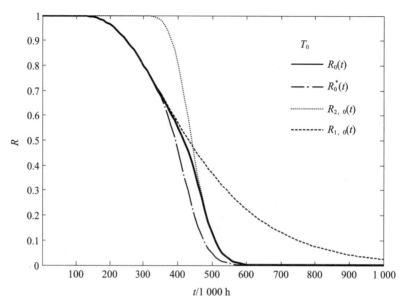

图 4 - 10　产品在常应力下的可靠度曲线

表 4 - 13 中列出了 O 形橡胶密封圈的各可靠寿命预测值，并且利用 Bootstrap 方法建立了各可靠寿命预测值的置信区间[212, 213]，置信度为 90%。

表 4 - 13　橡胶密封圈在 T_0 下的可靠寿命预测值

可靠寿命	点估计值	置信下限	置信上限
$\xi_{0.95}/1\ 000\ \text{h}$	199.59	178.34	219.53
$\xi_{0.9}/1\ 000\ \text{h}$	215.20	194.61	238.46
$\xi_{0.8}/1\ 000\ \text{h}$	232.74	221.85	247.21
$\xi_{0.5}/1\ 000\ \text{h}$	265.01	249.32	279.80

4.3.5　结果分析

1）假定各边缘生存函数之间具有耦合性并且基于 Copula 函数进行耦合性建模的方法具有理论可行性与工程实用性，由于不局限于多元加速退化数据是否为同步测量，此方法相对于考虑退化增量耦合性的方法拓展了适用范围。

2）根据 AIC 值大小选择与样本数据拟合最优的退化模型及 Copula 函数，这种建模思路降低了错误建模的风险。

3）为了降低参数估计难度，分两步依次估计边缘生存函数参数值与 Copula 参数值，这能够在不影响参数估计精度的前提下提高参数估计效率。

4）如果忽略边缘生存函数间的耦合性，得出的可靠性评定结果会较为保守；基于 MATLAB fzero 函数的可靠寿命求解方法具有较好的工程实用价值，克服了因可靠性模型较为复杂难以通过传统方法解析可靠寿命的不足。

4.4　基于多源数据融合的寿命预测方法

4.4.1　问题描述

　　MEMS 加速度计是导弹惯导系统的核心部件，其可靠性与稳定性直接决定了导弹的作战使用效能，准确掌握 MEMS 加速度计的可靠性信息有助于实施预防性维修、视情维修等。MEMS 加速度计是高精度的机电一体化产品，某些性能参数在工作或长期贮存过程中不可避免发生退化，根据已有研究结论，MEMS 加速度计内部的性能退化综合表现为零位电压的测量值增大[214]。因此，如果将零位电压作为性能退化指标建立退化失效模型，能够预测出 MEMS 加速度计的可靠度信息。

　　MEMS 加速度计的失效机理较为复杂，尚不能通过失效物理分析的手段推导出退化失效模型，故采用退化数据拟合的手段建立产品的退化失效模型，随机过程能够较好地表征产品退化的不确定性，已被广泛用于性能退化建模。产品寿命包括两个层面，第一是产品的总体寿命特征，例如可靠寿命、平均寿命，可作为实施批次产品预防性维修的重要参考；第二是产品的个体寿命指标，例如个体剩余寿命，这是开展视情维修的重要依据。总体寿命特征预测属于传统可靠性领域，采用概率论与数理统计方法进行预测[215]；而个体剩余寿命预测属于 PHM（Prognostics and Health Management）领域，通常采用卡尔曼滤波、向量机等智能算法进行预测[216]。以往的研究工作大都没有考虑两类寿命预测的融合，这不仅额外增加了寿命预测的工作量，而且制约了寿命预测水平的发展。为此，本节基于 Inverse Gaussian 随机过程，提出了总体寿命特征预测与个体剩余寿命预测的一体化解决方案，并且为了应对 MEMS 加速度计的样本量较小、测试数据有限的不足，采用融合预测方法提高预测结果的准确性。

4.4.2　总体寿命特征预测方法

　　将 MEMS 加速度计的零位电压百分比增量作为性能退化参数，通过 Inverse Gaussian 随机过程对性能退化数据建模。令 $X(t)$ 表示 MEMS 加速度计在 t 时刻的零位电压测量值，$X(t_0)$ 表示初始时刻 $t_0 = 0$ 的零位电压测量值，$Y(t) = X(t) - X(t_0)$ 表示 t 时刻的零位电压测量值相对于初始时刻测量值的增量。

　　如果 $Y(t)$ 服从 Inverse Gaussian 过程

$$Y(t) \sim \mathrm{IG}(\mu \Lambda(t), \lambda \Lambda^2(t))$$

式中，μ 为均值参数；λ 为尺度参数；$\Lambda(t) = t^\Lambda$。

　　则 $Y(t)$ 具有如下性质：

　　1）$Y(t)$ 在 $t = 0$ 处连续，且 $Y(0) = 0$ 以概率 1 成立；

　　2）对任意 $0 \leqslant t_1 < t_2 < t_3$，$Y(t_2) - Y(t_1)$ 与 $Y(t_3) - Y(t_2)$ 相互独立；

　　3）独立增量 $\Delta Y(t) = Y(t + \Delta t) - Y(t)$ 服从如下 Inverse Gaussian 分布

$$\Delta Y(t) \sim \mathrm{IG}(\mu \Delta \Lambda(t), \lambda \Delta \Lambda^2(t))$$

其中

$$\Delta \Lambda(t) = \Lambda(t + \Delta t) - \Lambda(t)$$

$Y(t)$ 的概率密度函数为

$$f_Y(y) = \sqrt{\frac{\lambda \Lambda^2(t)}{2\pi y^3}} \exp\left[-\frac{\lambda}{2y}\left(\frac{y}{\mu} - \Lambda(t)\right)^2\right] \tag{4-40}$$

$Y(t)$ 的累积分布函数为

$$F_Y(y) = \Phi\left(\sqrt{\frac{\lambda}{D}}\left(\frac{y}{\mu} - \Lambda(t)\right)\right) + \exp\left(\frac{2\lambda\Lambda(t)}{\mu}\right)\Phi\left(-\sqrt{\frac{\lambda}{D}}\left(\frac{y}{\mu} + \Lambda(t)\right)\right) \tag{4-41}$$

当 $Y(t)$ 首次到达阈值 D 时，MEMS 加速度计发生退化失效，则失效时间可以表示为 $T = \inf\{t \mid Y(t) \geqslant D\}$。由式（4-41）推导出失效时间的累积分布函数为

$$F_T(t) = P(T \leqslant t) = P(Y(t) \geqslant D) = 1 - F_Y(D)$$

$$= \Phi\left(\sqrt{\frac{\lambda}{D}}\left(\Lambda(t) - \frac{D}{\mu}\right)\right) - \exp\left(\frac{2\lambda\Lambda(t)}{\mu}\right)\Phi\left(-\sqrt{\frac{\lambda}{D}}\left(\frac{D}{\mu} + \Lambda(t)\right)\right)$$

$$\tag{4-42}$$

在获得参数估计值 $\hat{\mu}$、$\hat{\lambda}$、$\hat{\Lambda}$ 后，即可根据 $R_T(t) = 1 - F_T(t)$ 确定出 MEMS 加速度计的可靠性模型，进而预测出 MEMS 加速度计的可靠寿命、平均寿命等。

以上介绍的是固定参数 Inverse Gaussian 过程，不能体现产品个体间的退化过程差异，已有研究表明，考虑产品个体之间的退化过程差异有助于提高评定结果准确性，为此，以下研究一种随机参数 Inverse Gaussian 过程。将 μ、λ 随机化，为了便于进行统计推断，考虑了一种随机参数的共轭先验分布类型，设 λ 服从 Gamma 分布：$\lambda \sim \mathrm{Ga}(a, b)$；令 $\delta = 1/\mu$，设 δ 服从条件 Normal 分布：$\delta \mid \lambda \sim N(c, d/\lambda)$，其中 a、b、c、d 表示随机参数的超参数。

则 λ 及 $\delta \mid \lambda$ 的密度函数分别为

$$f(\lambda) = \frac{\lambda^{a-1}}{\Gamma(a)b^a}\exp\left(-\frac{\lambda}{b}\right) \tag{4-43}$$

$$f(\delta \mid \lambda) = \sqrt{\frac{\lambda}{2\pi d}}\exp\left(-\frac{\lambda(\delta - c)^2}{2d}\right) \tag{4-44}$$

基于随机参数 Inverse Gaussian 过程，得出 MEMS 加速度计的累积分布函数为

$$F_T^\circ(t) = P(Y(t) \geqslant D)$$

$$= \int_0^\infty \int_{-\infty}^\infty \int_D^\infty f_Y(y)f(\delta \mid \lambda)f(\lambda)\mathrm{d}y\,\mathrm{d}\delta\,\mathrm{d}\lambda$$

$$= \sqrt{\frac{b}{2\pi}}\frac{\Gamma(a+0.5)\Lambda(t)}{\Gamma(a)}\int_D^\infty y^{-1.5}(yd+1)^{-0.5}\left(1 + \frac{b(yc - \Lambda(t))^2}{2y(yd+1)}\right)^{-(a+0.5)}\mathrm{d}y$$

$$\tag{4-45}$$

在估计出超参数值 $\hat{a}$、$\hat{b}$、$\hat{c}$、$\hat{d}$ 及 $\hat{\Lambda}$ 后，即可确定出 $F_T^*(t)$，进而预测可靠寿命、平均寿命等。

4.4.3　个体剩余寿命预测方法

产品的剩余寿命 ξ 定义为 $Y(t)$ 首次到达阈值 D 的时间 T 与当前时刻 t_0 的差值，如图 4-11 所示，可在以 t_0、Y_0 为零点的坐标系中将 ξ 记为 $\xi = \inf\{t \mid Y(t) \geqslant D - Y_0\}$ ，其中 Y_0 为产品在当前时刻 t_0 的性能退化量。

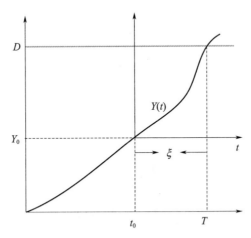

图 4-11　产品剩余寿命示意图

设 $D^* = D - Y_0$ ，得到 ξ 的累积分布函数为

$$F_\xi(t) = \Phi\left(\sqrt{\frac{\lambda}{D^*}}\left(\Lambda(t) - \frac{D^*}{\mu}\right)\right) - \exp\left(\frac{2\lambda\Lambda(t)}{\mu}\right)\Phi\left(-\sqrt{\frac{\lambda}{D^*}}\left(\frac{D^*}{\mu} + \Lambda(t)\right)\right)$$

$$(4-46)$$

利用个体的性能退化数据估计出 $\hat{\mu}$、$\hat{\lambda}$、$\hat{\Lambda}$ 后，即可进行个体剩余寿命预测，然而，由于个体的性能退化数据有限，预测准确度相对较低。为了提高预测准确度与可信度，将个体的性能退化数据作为现场信息，将其他性能退化数据作为先验信息，基于多源信息融合理论进行寿命预测。同样将 μ、λ 随机化，令 $\lambda \sim \mathrm{Ga}(a, b)$，$\delta \mid \lambda \sim N(c, d/\lambda)$，超参数 a、b、c、d 的值根据先验信息估计出，当得到现场性能退化数据 $Y_{1:n}$ 时，超参数的后验估计可由 Bayes 公式更新为 $a \mid Y_{1:n}$、$b \mid Y_{1:n}$、$c \mid Y_{1:n}$、$d \mid Y_{1:n}$。

设 μ、λ 的联合先验密度函数为 $f(\delta, \lambda)$，则

$$f(\delta, \lambda) = f(\delta \mid \lambda)f(\lambda) = \frac{\lambda^{a-1}}{\Gamma(a)b^a}\exp\left(-\frac{\lambda}{b}\right) \cdot \sqrt{\frac{\lambda}{2\pi d}}\exp\left(-\frac{\lambda(\delta-c)^2}{2d}\right) \quad (4-47)$$

联合后验密度函数 $f(\delta, \lambda \mid Y_{1:n})$ 由 Bayes 公式推导出

$$f(\delta, \lambda \mid Y_{1:n}) = \frac{L(Y_{1:n} \mid \delta, \lambda) \cdot f(\delta, \lambda)}{\int_0^{+\infty}\int_{-\infty}^{+\infty}L(Y_{1:n} \mid \delta, \lambda) \cdot f(\delta, \lambda)\mathrm{d}\delta\,\mathrm{d}\lambda} \quad (4-48)$$

式中

$$L(Y_{1:n} \mid \delta, \lambda) = \prod_{i=1}^{n}\sqrt{\frac{\lambda\,\Delta\Lambda^2(t_i)}{2\pi\Delta Y_i^3}}\exp\left[-\frac{\lambda(\delta\Delta Y_i - \Delta\Lambda(t_i))^2}{2\Delta Y_i}\right]$$

将 $f(\delta, \lambda)$ 与 $L(\boldsymbol{Y}_{1:n} \mid \delta, \lambda)$ 的表达式代入式（4-48），得到

$$f(\delta, \lambda \mid \boldsymbol{Y}_{1:n}) \propto L(\boldsymbol{Y}_{1:n} \mid \delta, \lambda) \cdot f(\delta, \lambda)$$

$$\propto \lambda^{(n+1)/2+a-1} \exp\left[-\frac{\lambda}{2}\left(\delta^2 Y_n - 2\delta\Lambda(t_n) + \sum_{i=1}^{n} \frac{\Delta\Lambda^2(t_i)}{\Delta Y_i}\right) - \frac{\lambda}{b} - \frac{\lambda}{2}\left(\frac{(\delta-c)^2}{d}\right)\right]$$

$$\propto \lambda^{n/2+a-1} \exp\left[-\lambda\left(\frac{1}{b} + \frac{c^2}{2d} - \frac{(\Lambda(t_n)d+c)^2}{2(Y_n d^2 + d)} + \sum_{i=1}^{n} \frac{\Delta\Lambda^2(t_i)}{2\Delta Y_i}\right)\right] \cdot$$

$$\lambda^{1/2} \exp\left[-\frac{\lambda}{2} \cdot \frac{\left(\delta - \dfrac{\Lambda(t_n)d+c}{Y_n d + 1}\right)^2}{\dfrac{d}{Y_n d + 1}}\right]$$

$$(4-49)$$

从式（4-49）中获得超参数的后验估计量 $a \mid \boldsymbol{Y}_{1:n}$、$b \mid \boldsymbol{Y}_{1:n}$、$c \mid \boldsymbol{Y}_{1:n}$、$d \mid \boldsymbol{Y}_{1:n}$ 分别为

$$a \mid \boldsymbol{Y}_{1:n} = \frac{n}{2} + a \qquad (4-50)$$

$$b \mid \boldsymbol{Y}_{1:n} = 1 \Big/ \left(\frac{1}{b} + \frac{c^2}{2d} - \frac{(\Lambda(t_n)d+c)^2}{2(Y_n d^2 + d)} + \sum_{i=1}^{n} \frac{\Delta\Lambda^2(t_i)}{2\Delta Y_i}\right) \qquad (4-51)$$

$$c \mid \boldsymbol{Y}_{1:n} = \frac{\Lambda(t_n)d + c}{Y_n d + 1} \qquad (4-52)$$

$$d \mid \boldsymbol{Y}_{1:n} = \frac{d}{Y_n d + 1} \qquad (4-53)$$

将 D^*、$a \mid \boldsymbol{Y}_{1:n}$、$b \mid \boldsymbol{Y}_{1:n}$、$c \mid \boldsymbol{Y}_{1:n}$、$d \mid \boldsymbol{Y}_{1:n}$ 代入式（4-45），确定出剩余寿命 $\xi \mid \boldsymbol{Y}_{1:n}$ 的后验分布函数 $F_\xi^*(t)$，进而获得剩余寿命的后验期望值 $E(\xi \mid \boldsymbol{Y}_{1:n})$。$E(\xi \mid \boldsymbol{Y}_{1:n})$ 为基于多源信息融合后获得的个体剩余寿命预测值。

4.4.4　参数估计方法

无论是进行总体寿命特征预测还是个体剩余寿命预测，前提是必须要获得时间参数 Λ 及超参数 a、b、c、d 的估计值。

4.4.4.1　估计时间参数

$t_{i,j}$ 为第 i 个产品进行第 j 次性能退化测量的时间，$Y(t_{i,j})$ 表示产品在时刻 $t_{i,j}$ 的性能退化数据，$\Delta Y_{i,j} = Y(t_{i,j}) - Y(t_{i,j-1})$ 表示退化增量，$\Delta\Lambda_{i,j} = (t_{i,j})^\Lambda - (t_{i,j-1})^\Lambda$ 表示时间增量，其中 $i = 1, 2, \cdots, M$；$j = 1, 2, \cdots, N_i$；M 表示产品总数；N_i 表示第 i 个产品的测量总数。Inverse Gaussian 过程的独立增量 $\Delta Y_{i,j}$ 服从此 Inverse Gaussian 分布：$\Delta Y_{i,j} \sim \mathrm{IG}(\mu_i \Delta\Lambda_{i,j}, \lambda_i \Delta\Lambda_{i,j}^2)$，由 $\Delta Y_{i,j}$ 的概率密度函数建立如下似然函数

$$L(\mu, \lambda, \Lambda) = \sum_{i=1}^{M} \sum_{j=1}^{N_j} \sqrt{\frac{\lambda \Delta\Lambda_{i,j}^2}{2\pi \Delta Y_{i,j}^3}} \exp\left[-\frac{\lambda}{2\Delta Y_{i,j}}\left(\frac{\Delta Y_{i,j}}{\mu} - \Delta\Lambda_{i,j}\right)^2\right] \qquad (4-54)$$

极大化上式，获得时间参数估计值 $\hat{\Lambda}$。

4.4.4.2　估计超参数值

估计超参数 a、b、c、d 的值可采用两步法与 EM 法。两步法需要首先估计出每个产品对应的 Inverse Gaussian 退化模型参数值 $\hat{\mu}$、$\hat{\lambda}$、$\hat{\Lambda}$，然后利用 $\hat{\mu}$、$\hat{\lambda}$ 估计出 $\hat{a}$、$\hat{b}$、$\hat{c}$、$\hat{d}$。文献［147，217］指出两步法的超参数估计精度不如 EM 算法，为此，本节研究了能够一体化估计出所有超参数值的 EM 算法。

结合式（4-54）及 δ_i、λ_i 的联合先验概率密度函数 $f(\delta_i, \lambda_i)$，建立完全对数似然函数为

$$
\ln L^c(\boldsymbol{\Omega}) \propto a\sum_{i=1}^{M} N_i \ln\lambda_i + \sum_{i=1}^{M}\sum_{j=1}^{N_i}\ln\Delta\Lambda_{i,j} - \ln\Gamma(a)\sum_{i=1}^{M}N_i - a\ln b\sum_{i=1}^{M}N_i - \left(\frac{1}{b} + \frac{c^2}{2d}\right)\sum_{i=1}^{M}N_i\lambda_i -
$$
$$
\frac{\ln d}{2}\sum_{i=1}^{M}N_i - \sum_{i=1}^{M}\sum_{j=1}^{N_i}\frac{\lambda_i\Delta\Lambda_{i,j}^2}{2\Delta y_{i,j}} + \sum_{i=1}^{M}\sum_{j=1}^{N_i}\lambda_i\delta_i\left(\Delta\Lambda_{i,j} + \frac{c}{d}\right) - \sum_{i=1}^{M}\frac{N_i\lambda_i\delta_i^2}{2d}
$$
$$
(4-55)
$$

式中，$\boldsymbol{\Omega} = (a, b, c, d)$。与式（4-49）所示的推导过程类似，从上式的完全对数似然函数可推导出 δ_i、λ_i 的联合后验概率密度函数为

$$
f(\delta_i, \lambda_i \mid \boldsymbol{Y}_{i,1:N_i})
$$
$$
\propto \lambda_i^{\,N_i/2+a-1}\exp\left\{-\lambda_i\left[\frac{1}{b} + \frac{c^2}{2d} - \frac{\left(c + d\sum_{j=1}^{N_i}\Delta\Lambda_{i,j}\right)^2}{2\left(d + d^2\sum_{j=1}^{N_i}\Delta Y_{i,j}\right)} + \sum_{i=1}^{M}\frac{(\Delta\Lambda_{i,j})^2}{2\Delta Y_{i,j}}\right]\right\} \cdot
$$
$$
\lambda_i^{1/2}\exp\left[-\frac{\lambda_i}{2}\cdot\left(\delta_i - \frac{c + d\sum_{j=1}^{N_i}\Delta\Lambda_{i,j}}{1 + d\sum_{j=1}^{N_i}\Delta Y_{i,j}}\right)\middle/ \frac{d}{1 + d\sum_{j=1}^{N_i}\Delta Y_{i,j}}\right]
$$
$$
(4-56)
$$

确定出随机参数 δ_i、λ_i 的后验分布分别为

$$
\lambda_i \mid \boldsymbol{Y}_{i,1:N_i} \sim \mathrm{Ga}\left(\frac{N_i}{2} + a, 1\middle/\left(\frac{1}{b} + \frac{c^2}{2d} + \sum_{j=1}^{N_i}\frac{(\Delta\Lambda_{i,j})^2}{2\Delta Y_{i,j}} - \frac{\left(c + d\sum_{j=1}^{N_i}\Delta\Lambda_{i,j}\right)^2}{2\left(d + d^2\sum_{j=1}^{N_i}\Delta Y_{i,j}\right)}\right)\right)
$$
$$
(4-57)
$$

$$
\delta_i \mid \boldsymbol{Y}_{i,1:N_i}, \lambda_i \sim N\left(\frac{c + d\sum_{j=1}^{N_i}\Delta\Lambda_{i,j}}{1 + d\sum_{j=1}^{N_i}\Delta Y_{i,j}}, \frac{d}{\lambda_i\left(1 + d\sum_{j=1}^{N_i}\Delta Y_{i,j}\right)}\right) \qquad (4-58)
$$

式中的 λ_i、$\ln\lambda_i$、$\lambda_i\delta_i$、$\lambda_i\delta_i^2$ 为隐含数据项，含有随机参数 λ_i 或 δ_i，因此无法直接极大化式（4-55）估计得 $\hat{\boldsymbol{\Omega}}$。EM 算法通过多轮迭代逼近 $\hat{\boldsymbol{\Omega}}$，每一轮的迭代过程包含求期望、极大化两个步骤，简记为 E-step 和 M-step。

E-step：设 $\boldsymbol{\Omega}^{(L)}$ 为第 L 轮迭代后获取的估计值向量，在第 $L+1$ 轮迭代过程中求取隐含数据项 λ_i、$\ln\lambda_i$、$\lambda_i\delta_i$、$\lambda_i\delta_i^2$ 的期望值。根据 Gamma 分布与 Normal 分布的统计特性，由式（4-57）及式（4-58）推导出

$$
E(\lambda_i \mid \boldsymbol{Y}_{i,1:N_i}, \boldsymbol{\Omega}^{(L)}) = (a^{(L)} + N_i/2)/A_i^{(L)} \qquad (4-59)
$$

$$E(\ln\lambda_i \mid \boldsymbol{Y}_{i,1:N_i}, \boldsymbol{\Omega}^{(L)}) = \psi\left(a^{(L)} + \frac{N_i}{2}\right) - \ln A_i^{(L)} \tag{4-60}$$

$$E(\lambda_i\delta_i \mid \boldsymbol{Y}_{i,1:N_i}, \boldsymbol{\Omega}^{(L)}) = \frac{a^{(L)} + N_i/2}{A_i^{(L)}} \cdot \frac{c^{(L)} + d^{(L)}\sum_{j=1}^{N_i}\Delta\Lambda_{i,j}}{1 + d^{(L)}\sum_{j=1}^{N_i}\Delta Y_{i,j}} \tag{4-61}$$

$$E(\lambda_i\delta_i^2 \mid \boldsymbol{Y}_{i,1:N_i}, \boldsymbol{\Omega}^{(L)}) = \frac{a^{(L)} + N_i/2}{A_i^{(L)}}\left(\frac{c^{(L)} + d^{(L)}\sum_{j=1}^{N_i}\Delta\Lambda_{i,j}}{1 + d^{(L)}\sum_{j=1}^{N_i}\Delta Y_{i,j}}\right)^2 + \frac{d^{(L)}}{1 + d^{(L)}\sum_{j=1}^{N_i}\Delta y_{i,j}} \tag{4-62}$$

式中，$A_i^{(L)} = \left(\dfrac{1}{b^{(L)}} + \dfrac{(c^{(L)})^2}{2d^{(L)}} + \sum_{j=1}^{N_i}\dfrac{(\Delta\Lambda_{i,j})^2}{2\Delta Y_{i,j}} - \dfrac{\left(c^{(L)} + d^{(L)}\sum_{j=1}^{N_i}\Delta\Lambda_{i,j}\right)^2}{2\left(d^{(L)} + (d^{(L)})^2\sum_{j=1}^{N_i}\Delta Y_{i,j}\right)}\right)$；$\psi(\cdot)$ 为

digamma 函数。

M - step：利用以上期望值分别替代式（4-55）中的各隐含数据项，得到

$$\ln L^c(\boldsymbol{\Omega} \mid \boldsymbol{\Omega}^{(L)}) \propto a\sum_{i=1}^{M}N_i E(\ln\lambda_i \mid \boldsymbol{Y}_{i,1:N_i}, \boldsymbol{\Omega}^{(L)}) + \sum_{i=1}^{M}\sum_{j=1}^{N_i}\ln\Delta\Lambda_{i,j} -$$

$$\ln\Gamma(a)\sum_{i=1}^{M}N_i - a\ln b\sum_{i=1}^{M}N_i - \left(\frac{1}{b} + \frac{c^2}{2d}\right)\sum_{i=1}^{M}N_i E(\lambda_i \mid \boldsymbol{Y}_{i,1:N_i}, \boldsymbol{\Omega}^{(L)}) -$$

$$\frac{\ln d}{2}\sum_{i=1}^{M}N_i - \sum_{i=1}^{M}\sum_{j=1}^{N_i}\frac{E(\lambda_i \mid \boldsymbol{Y}_{i,1:N_i}, \boldsymbol{\Omega}^{(L)})\Delta\Lambda_{i,j}^2}{2\Delta y_{i,j}} +$$

$$\sum_{i=1}^{M}\sum_{j=1}^{N_i}E(\lambda_i\delta_i \mid \boldsymbol{Y}_{i,1:N_i}, \boldsymbol{\Omega}^{(L)})\left(\Delta\Lambda_{i,j} + \frac{c}{d}\right) - \sum_{i=1}^{M}\frac{N_i E(\lambda_i\delta_i^2 \mid \boldsymbol{Y}_{i,1:N_i}, \boldsymbol{\Omega}^{(L)})}{2d} \tag{4-63}$$

极大化式（4-63）获取第 $L+1$ 轮迭代后的 a、b、c、d 估计值分为

$$a^{(L+1)} = \psi^{-1}\left(\frac{\sum_{i=1}^{M}N_i E(\ln\lambda_i \mid \boldsymbol{Y}_{i,1:N_i}, \boldsymbol{\Omega}^{(L)})}{\sum_{i=1}^{M}N_i} - \ln b^{(L+1)}\right) \tag{4-64}$$

$$b^{(L+1)} = \frac{\sum_{i=1}^{M}N_i E(\lambda_i \mid \boldsymbol{Y}_{i,1:N_i}, \boldsymbol{\Omega}^{(L)})}{a^{(L)}\sum_{i=1}^{M}N_i} \tag{4-65}$$

$$c^{(L+1)} = \frac{\sum_{i=1}^{M}N_i E(\lambda_i\delta_i \mid \boldsymbol{Y}_{i,1:N_i}, \boldsymbol{\Omega}^{(L)})}{\sum_{i=1}^{M}N_i E(\lambda_i \mid \boldsymbol{Y}_{i,1:N_i}, \boldsymbol{\Omega}^{(L)})} \tag{4-66}$$

$$d^{(L+1)} = \frac{\sum_{i=1}^{M}N_i\left(E(\lambda_i\delta_i^2 \mid \boldsymbol{Y}_{i,1:N_i}, \boldsymbol{\Omega}^{(L)}) - 2c^{(L+1)}E(\lambda_i\delta_i \mid \boldsymbol{Y}_{i,1:N_i}, \boldsymbol{\Omega}^{(L)}) + (c^{(L+1)})^2 E(\lambda_i \mid \boldsymbol{Y}_{i,1:N_i}, \boldsymbol{\Omega}^{(L)})\right)}{\sum_{i=1}^{M}N_i} \tag{4-67}$$

式中，$\psi^{-1}(\cdot)$ 为逆 digamma 函数。

基于 EM 算法一体化估计超参数值的整体流程为：

初始化：设 $L=0$，令待估参数为任意可能值，如 $\boldsymbol{\Omega}^{(0)} = (1, 1, 1, 1)$；

第 $L+1$ 轮迭代：

E - step：计算 $E(\lambda_i \mid \boldsymbol{Y}_{i,\,1:N_i},\,\boldsymbol{\Omega}^{(L)})$、$E(\ln\lambda_i \mid \boldsymbol{Y}_{i,\,1:N_i},\,\boldsymbol{\Omega}^{(L)})$、$E(\lambda_i\delta_i \mid \boldsymbol{Y}_{i,\,1:N_i},\,\boldsymbol{\Omega}^{(L)})$ 及 $E(\lambda_i\delta_i^2 \mid \boldsymbol{Y}_{i,\,1:N_i},\,\boldsymbol{\Omega}^{(L)})$；

M - step：求解 $a^{(L+1)}$、$b^{(L+1)}$、$c^{(L+1)}$、$d^{(L+1)}$，将 $\boldsymbol{\Omega}^{(L)}$ 更新为 $\boldsymbol{\Omega}^{(L+1)}$；

结束条件：$\max(|\boldsymbol{\Omega}^{(L+1)}-\boldsymbol{\Omega}^{(L)}|)<\varepsilon$ 或 L 达到设定值。

4.4.5　案例应用

对某型 MEMS 加速度计的零位电压输出值进行了定期测量，发现此款产品的零位电压输出值在长期贮存过程中有逐渐增大的趋势，将 t 时刻零位电压测量值相当于初始时刻 $t=0$ 测量值的百分比增量 $Y(t)$ 作为性能退化指标，设失效阈值为 $D=10$，即 $Y(t)$ 增大到 10% 时，MEMS 加速度计发生退化失效。表 4 - 14 中列出了 8 个样本的零位电压百分比增量。

表 4 - 14　MEMS 加速度计的零位电压百分比增量

序号	1	2	3	4	5	6	7	8	9	10	11
$t/1\,000$ h	0	1.44	2.88	5.60	8.40	10.24	13.48	16.00	18.00	20.24	24.00
样品 1	0	0.523	0.742	1.452	1.819	2.207	3.213	3.594	4.103	5.013	5.368
样品 2	0	0.336	0.800	1.458	2.181	2.290	2.716	3.323	3.781	4.219	5.032
$t/1\,000$ h	0	1.00	3.00	6.00	8.00	10.00	12.00	15.00	17.00	20.00	
样品 3	0	0.407	0.858	1.239	1.645	2.129	2.503	3.142	3.994	4.400	
样品 4	0	0.355	0.619	1.207	1.581	2.007	2.613	3.161	3.490	4.290	
样品 5	0	0.290	0.723	1.265	1.774	2.258	2.748	2.342	3.774	4.523	
$t/1\,000$ h	0	1.44	2.88	5.00	8.00	12.00	15.00	17.00	20.00		
样品 6	0	0.258	0.548	0.877	1.258	1.645	2.065	2.568	3.071		
样品 7	0	0.290	0.677	0.903	1.381	1.936	2.613	3.052	3.355		
样品 8	0	0.374	0.632	1.065	1.323	1.819	2.490	2.677	3.194		

4.4.5.1　总体寿命特征预测

假定每个样品的性能退化为 Inverse Gaussian 过程，估计出每个样品对应的退化模型参数值 $\hat{\mu}_i$、$\hat{\lambda}_i$、$\hat{\Lambda}_i$ 见表 4 - 15。结合参数估计值验证样品性能退化是否为 Inverse Gaussian 过程，如果 $\hat{\lambda}_i(\Delta Y_{i,j}-\hat{\mu}_{i,k}\Delta\Lambda_{i,j})^2/(\hat{\mu}_i^2\Delta Y_{i,j})$ 服从自由度为 1 的 χ^2 分布，则说明样品的性能退化服从 Inverse Gaussian 过程。设显著性水平为 $\alpha=0.05$，采用 Anderson - Darling 法检验，$\hat{\lambda}_i(\Delta Y_{i,j}-\hat{\mu}_{i,k}\Delta\Lambda_{i,j})^2/(\hat{\mu}_i^2\Delta Y_{i,j})\sim\chi^2(1)$ 成立，各产品性能退化都服从 Inverse Gaussian 过程。

表 4 - 15　每个样品的退化模型参数估计值

样品序号	参数估计值		
	$\hat{\mu}_i$	$\hat{\lambda}_i$	$\hat{\Lambda}_i$
1	0.400	1.405	0.817
2	0.308	1.043	0.879
3	0.248	1.542	0.961
4	0.271	0.934	0.923
5	0.277	2.167	0.933
6	0.196	1.243	0.919
7	0.233	1.300	0.890
8	0.280	1.664	0.812

　　利用式（4 - 54）获得极大似然估计值为 $(\mu, \lambda, \Lambda) = (0.281, 1.078, 0.885)$。超参数的初始值设为 $\boldsymbol{\Omega}^{(0)} = (1, 1, 1, 1)$，结束条件设为 $\max(|\boldsymbol{\Omega}^{(L+1)} - \boldsymbol{\Omega}^{(L)}|) < 10^{-5}$，利用 EM 算法获得超参数估计值为 $\hat{\boldsymbol{\Omega}} = (138.230, 0.008, 3.537, 0.056)$，各超参数的迭代收敛过程如图 4 - 12 所示。

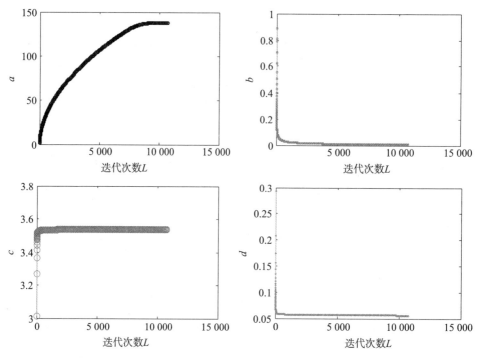

图 4 - 12　EM 算法中超参数的迭代过程

　　确定 MEMS 加速度计基于随机参数 Inverse Gaussian 过程的累积失效函数为

$$F_T^*(t) = 0.420t^{0.885} \int_{10}^{\infty} y^{-1.5} (0.056d + 1)^{-0.5} \left(1 + \frac{0.004(3.537y - t^{0.885})^2}{y(0.056y + 1)} \right)^{-138.730} \mathrm{d}y$$

从而得到累积失效曲线如图 4-13 所示，根据图中曲线可知产品在最初 40 000 h 前的失效风险几乎为 0，50 000 h 后失效风险明显增加。

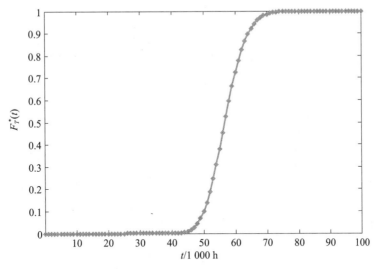

图 4-13　MEMS 加速度计累积失效曲线

利用 $F_T^*(t)$ 进一步估计出 MEMS 加速度计的总体寿命特征，如可靠寿命 t_R 与平均寿命 $\bar{T}$，其中采用 Bootstrap 自助抽样法建立了预测值的置信区间（置信度为 90%），从而为预防性维修、替换提供数据支持。总体寿命特征预测值及其置信区间见表 4-16。

表 4-16　总体寿命特征预测值及其置信区间

寿命指标	预测值	置信下限	置信上限
$t_{0.99}$	45.155	44.651	47.880
$t_{0.95}$	48.320	46.626	50.523
$t_{0.90}$	50.010	47.805	54.016
$t_{0.8}$	52.205	48.933	56.280
$\bar{T}$	56.658	51.188	61.291

4.4.5.2　个体剩余寿命预测

对样品 9 的零位电压输出值进行了 6 次测量，各次测量时间及计算出的零位电压百分比增量见表 4-17。将表 4-17 中的退化数据作为现场信息，表 4-14 中的退化数据作为先验信息，基于多源信息融合理论预测样品 9 的剩余寿命。

表 4-17　样品 9 的零位电压百分比增量

序号	1	2	3	4	5	6
$t/1\ 000$ h	0	2.0	5.0	8.0	10.0	12.0
$Y_{1:n}$	0	0.418	0.971	1.655	2.082	2.290

已获得超参数的先验估计值为 $\hat{\boldsymbol{\Omega}} = (138.230, 0.008, 3.537, 0.056)$ ，利用现场信息根据式（4-50）～式（4-53）获得超参数在各测量时刻的后验估计值，见表4-18，后验估计值的更新过程如图4-14所示。

表 4-18　超参数的后验估计值

后验估计值	测量时刻 /1 000 h				
	2.0	5.0	8.0	10.0	12.0
$a \mid \boldsymbol{Y}_{1:n}$	138.730	139.230	139.730	140.230	140.730
$b \mid \boldsymbol{Y}_{1:n}$	7.990E-3	7.983E-3	7.979E-3	7.978E-3	7.922E-3
$c \mid \boldsymbol{Y}_{1:n}$	3.557	3.576	3.560	3.553	3.583
$d \mid \boldsymbol{Y}_{1:n}$	5.472E-2	5.311E-2	5.125E-2	5.015E-2	4.963E-2

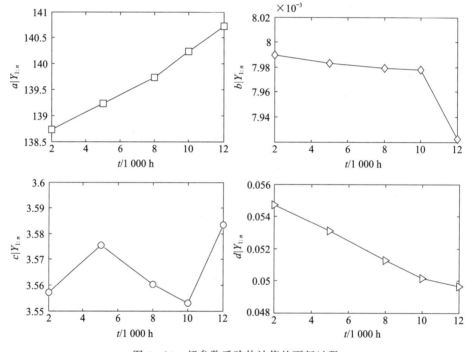

图 4-14　超参数后验估计值的更新过程

将各测量时刻的超参数后验估计值代入 $F_\xi^*(t)$ ，解得各测量时刻的个体剩余寿命预测值 $E(\xi \mid \boldsymbol{Y}_{1:n})$ ，见表4-19。将 $E(\xi \mid \boldsymbol{Y}_{1:n})$ 与仅利用个体性能退化数据获得的剩余寿命预测值 $E(\xi)$ 进行对比，见表4-19及图4-15，得出如下主要结论：1）在对个体性能退化测量较少的情况下，传统方法无法预测出剩余寿命值，而本书所提方法克服了此缺陷；2）传统方法获得的寿命预测值波动幅度较大，显示出预测结果具有较大的不确定性，而本书所提方法由于充分融合了先验信息，有效降低了预测结果的不确定性；3）由于本书方法采用了随机参数的共轭先验分布，每获取新的性能退化数据后可立即更新超参数的后验估计值，能够实现个体剩余寿命的实时预测。

表 4 - 19　剩余寿命预测值

剩余寿命 预测值	测量时刻 /1 000 h				
	2.0	5.0	8.0	10.0	12.0
$E(\xi \mid Y_{1:n})$	53.760	50.563	46.036	43.287	42.408
$E(\xi)$	—	—	49.275	41.600	51.676

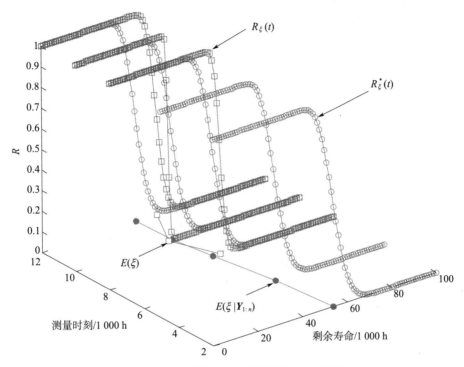

图 4 - 15　个体剩余寿命预测情况（见彩插）

4.4.6　结果分析

1）MEMS 加速度计零位电压具有较为明显的趋势，以此作为性能退化指标毋须产品失效即可预测出产品的失效信息，具有较好的工程应用价值。

2）Inverse Gaussian 随机过程具有良好的统计特性，利用随机参数的共轭先验分布函数可描述个体退化间的差异性，EM 算法提供了一种估计共轭先验分布函数超参数值的有效手段。

3）基于多源信息融合预测个体剩余寿命在现场退化数据有限的情况下是非常必要的，能够克服仅利用现场退化数据预测剩余寿命时不确定性较大的缺陷。

4）所提寿命预测方法实现了总体寿命预测与个体剩余寿命预测的有机结合，为产品寿命的融合预测提供了有益参考和借鉴。

4.5　本章小结

　　为了解决基于多元加速退化数据统计分析的可靠性评定难题，分别研究了考虑退化增量耦合性的可靠性建模与参数估计方法、考虑边缘生存函数耦合性的可靠性建模与参数估计方法。为了突破基于多源数据融合的可靠性评定难题，提出了一种基于 Bayes 理论与随机参数共轭先验分布函数的寿命建模与评定方法。

第 5 章 加速应力可靠性试验的一致性验证方法

5.1 引言

利用产品的加速试验数据外推产品在常应力下的可靠性时，必须保证产品在各加速应力下的失效机理与常应力下的失效机理具有一致性，否则会得到无效的评定结果；与传统可靠性试验相比，加速应力可靠性试验无论是在试验操作或是统计模型方面都变得复杂，增加了可靠性评定结果的不确定度，因此需要针对加速试验数据开展一致性验证工作。加速应力可靠性试验的一致性验证工作包括两个方面：1）失效机理一致性验证，用于确保加速应力可靠性试验的有效性；2）可靠性评定结果一致性验证，用于评价加速应力可靠性试验的准确性。

本章研究了一种基于 ANOVA 的失效机理一致性验证方法，能够通过对加速试验数据的统计分析有效辨识出产品的失效机理是否发生改变，为验证可靠度评定结果与真实值的偏差是否在可接受的范围内，给出了一种可靠性评定结果的一致性验证方法，能够利用产品在常应力下的可靠性数据验证加速应力可靠性试验评定结果与真实值是否一致。

5.2 失效机理一致性验证方法

5.2.1 问题分析

产品内部失效机理的改变能够表现为外在退化过程的改变，这是基于加速试验数据统计分析验证失效机理一致性的理论基础。文献［169］指出，基于加速系数不变原则能够推导出如图 5-1 所示的等效关系。

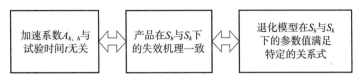

图 5-1 等效关系图

根据图 5-1 中所示，将辨识失效机理一致性问题转换为辨识模型参数值一致性问题。如果采用 Inverse Gaussian 过程 $Y(t) \sim \text{IG}(\mu\Lambda(t), \lambda\Lambda^2(t))$ 建立产品的性能退化模型，其中 $\Lambda(t) = t^r$，利用加速系数不变原则推导出如下模型参数变化关系

$$A_{k,h} = \left(\frac{\mu_k}{\mu_h}\right)^{\frac{1}{r_k}} = \left(\frac{\lambda_k}{\lambda_h}\right)^{\frac{0.5}{r_k}}, \quad r_k = r_h \qquad (5-1)$$

式中，μ_k、λ_k、r_k 分别表示 Inverse Gaussian 退化模型在应力 S_k 下的均值参数、尺度参数与时间参数。如果产品在 S_k 下的失效机理与 S_h 下的失效机理具有一致性，利用性能退化数据估计出的模型参数值应该满足如下关系

$$\begin{cases} \dfrac{\hat{\mu}_k}{\sqrt{\hat{\lambda}_k}} = \dfrac{\hat{\mu}_h}{\sqrt{\hat{\lambda}_h}} \\[3mm] \hat{r}_k = \hat{r}_h \end{cases} \tag{5-2}$$

假定某产品开展加速应力可靠性试验，试验中共有 M 个加速应力 $S_1 < S_2 < \cdots < S_M$，y_{ijk} 表示应力 S_k 下的第 j 个产品的第 i 次性能测量数据，t_{ijk} 为 y_{ijk} 的测量时刻，$\Delta y_{ijk} = y_{ijk} - y_{(i-1)jk}$ 代表测量数据增量，$\Delta \Lambda_{ijk} = t_{ijk}^r - t_{(i-1)jk}^r$ 代表测量时间增量，其中 $k = 1$，2，$\cdots$，M；$j = 1$，2，$\cdots$，N_k；$i = 1$，2，$\cdots$，H_{jk}。产品性能退化服从 Inverse Gaussian 过程，则 $\Delta y_{ijk} \sim \mathrm{IG}(\mu_{jk} \Delta \Lambda_{ijk}, \lambda_{jk} \Delta \Lambda_{ijk}^2)$，据此针对每个产品的性能退化数据建立如下似然函数

$$L(\mu_{jk}, \lambda_{jk}, r_{jk}) = \prod_{i=1}^{H_{jk}} \sqrt{\frac{\lambda_{jk} \Delta \Lambda_{ijk}^2}{2\pi \Delta y_{ijk}^3}} \exp\left[-\frac{\lambda_{jk}}{2\Delta y_{ijk}} \left(\frac{\Delta y_{ijk}}{\mu_{jk}} - \Delta \Lambda_{ijk} \right)^2 \right] \tag{5-3}$$

极大化上式可以获得模型参数的极大似然估计值，S_k 下的参数估计值向量可表示为

$$\hat{\boldsymbol{\mu}}_k = (\hat{\mu}_{1k}, \hat{\mu}_{2k}, \cdots, \hat{\mu}_{Nkk}), \quad \hat{\boldsymbol{\lambda}}_k = (\hat{\lambda}_{1k}, \hat{\lambda}_{2k}, \cdots, \hat{\lambda}_{Nkk}), \quad \hat{\boldsymbol{r}}_k = (\hat{r}_{1k}, \hat{r}_{2k}, \cdots, \hat{r}_{Nkk})$$

失效机理一致性验证问题可能面临两种情况。第一种情况：能够得到产品在常应力 S_0 下的性能退化数据。利用常应力 S_0 下的性能退化数据估计出退化模型参数值向量

$$\hat{\boldsymbol{\mu}}_0 = (\hat{\mu}_{10}, \hat{\mu}_{20}, \cdots, \hat{\mu}_{N00}), \quad \hat{\boldsymbol{\lambda}}_0 = (\hat{\lambda}_{10}, \hat{\lambda}_{20}, \cdots, \hat{\lambda}_{N00}), \quad \hat{\boldsymbol{r}}_0 = (\hat{r}_{10}, \hat{r}_{20}, \cdots, \hat{r}_{N00})$$

如果 $\hat{\boldsymbol{\mu}}_k$、$\hat{\boldsymbol{\lambda}}_k$、$\hat{\boldsymbol{r}}_k$、$\hat{\boldsymbol{\mu}}_0$、$\hat{\boldsymbol{\lambda}}_0$、$\hat{\boldsymbol{r}}_0$ 满足式（5-2）中的关系，则能验证产品在加速应力 S_k 下的失效机理与常应力 S_0 下的失效机理一致。第二种情况：无法获得产品在常应力 S_0 下的性能退化数据，这在工程实践中比较常见，只能验证产品在各加速应力水平下的失效机理是否具有一致性。

5.2.2　基于 ANOVA 的验证方法

为了验证 $\hat{\boldsymbol{\mu}}_k / \sqrt{\hat{\boldsymbol{\lambda}}_k} = \hat{\boldsymbol{\mu}}_0 / \sqrt{\hat{\boldsymbol{\lambda}}_0}$，$\hat{\boldsymbol{r}}_k = \hat{\boldsymbol{r}}_0$ 是否成立，提出了基于方差分析（Analysis of Variance，ANOVA）的验证方法。产品间存在不可避免的质量差异以及贮存/工作环境的差异，导致每个产品的退化失效过程不可能完全相同，因此，各产品的退化模型参数估计值也不可能完全相同，它们在统计特性上应该服从某一特定分布。令 $\hat{\boldsymbol{\omega}}_k = \hat{\boldsymbol{\mu}}_k / \sqrt{\hat{\boldsymbol{\lambda}}_k}$，$\hat{\boldsymbol{\omega}}_0 = \hat{\boldsymbol{\mu}}_0 / \sqrt{\hat{\boldsymbol{\lambda}}_0}$，在数据量足够多的情况下，参数估计值向量，如 $\hat{\boldsymbol{\omega}}_k$、$\hat{\boldsymbol{\omega}}_0$、$\hat{\boldsymbol{r}}_k$、$\hat{\boldsymbol{r}}_0$，大概率为 Normal 分布。

如果是第一种情况，设原假设为 H_0：$\hat{\boldsymbol{\omega}}_k$ 与 $\hat{\boldsymbol{\omega}}_0$ 之间没有显著不同；设备选假设为 H_1：$\hat{\boldsymbol{\omega}}_k$ 与 $\hat{\boldsymbol{\omega}}_0$ 之间存在显著不同，其中 $k = 1$，2，$\cdots$，M。如果是第二种情况，设原假

设为 H_0：$\hat{\boldsymbol{\omega}}_1$，$\hat{\boldsymbol{\omega}}_2$，$\cdots$，$\hat{\boldsymbol{\omega}}_M$ 之间没有显著不同，备选假设为 H_1：$\hat{\boldsymbol{\omega}}_1$，$\hat{\boldsymbol{\omega}}_2$，$\cdots$，$\hat{\boldsymbol{\omega}}_M$ 之间显著不同。

以第二种情况为例，提出利用 F 统计量进行假设检验，检验样本为 $\hat{\boldsymbol{\omega}}_k = (\hat{\omega}_{1k}，\hat{\omega}_{2k}，\cdots，\hat{\omega}_{N_k k})$，建立如下 F 统计量

$$F^* = \frac{\left(\sum_{k=1}^{M} N_k - M\right)\text{SST}}{(M-1)\text{SSE}} \tag{5-4}$$

其中

$$\text{SST} = \sum_{k=1}^{M} \frac{\left(\sum_{j=1}^{N_k} \hat{\omega}_{jk}\right)^2}{N_k} - \text{CM} \tag{5-5}$$

$$\text{SSE} = \sum_{k=1}^{M} \sum_{j=1}^{N_k} \hat{\omega}_{jk}^2 - \text{CM} - \text{SST} \tag{5-6}$$

$$\text{CM} = \frac{\left(\sum_{k=1}^{M} \sum_{j=1}^{N_k} \hat{\omega}_{jk}\right)^2}{\sum_{k=1}^{M} N_k} \tag{5-7}$$

F^* 服从自由度为 $M-1$，$n-M$ 的 F 分布，如 $F^* \sim F(M-1，n-M)$，其中 $n = \sum_{k=1}^{M} N_k$。在显著性水平为 α 时，如果统计量

$$F_{\alpha/2}(M-1,n-M) \leqslant F^* \leqslant F_{1-\alpha/2}(M-1,n-M) \tag{5-8}$$

则无法拒绝原假设，说明 $\hat{\boldsymbol{\omega}}_1$，$\hat{\boldsymbol{\omega}}_2$，$\cdots$，$\hat{\boldsymbol{\omega}}_M$ 之间没有显著不同，如果利用同样方法得出 $\hat{\boldsymbol{r}}_1$，$\hat{\boldsymbol{r}}_2$，$\cdots$，$\hat{\boldsymbol{r}}_M$ 之间也没有显著不同，则可验证产品在应力 S_1，S_2，$\cdots$，S_M 下的失效机理具有一致性。当 $F^* > F_{1-\alpha/2}(M-1，n-M)$ 或者 $F^* < F_{\alpha/2}(M-1，n-M)$ 时，应该拒绝原假设，说明产品在应力 S_1，S_2，$\cdots$，S_M 下的失效机理不一致。

以上所提基于 ANOVA 的验证方法也可利用 MATLAB 软件中的 anova1 命令实现。利用 anova1 命令能够计算出 p 值，如果 p 值大于等于显著性水平 α，无法拒绝原假设；如果 p 值小于 α，拒绝原假设。

5.2.3　验证方法的灵敏性测试

本节设计仿真试验测试所提验证方法的灵敏性。根据式（5-2），如果 $\hat{r}_k \neq \hat{r}_h$，产品在 S_k、S_h 下的失效机理不一致，因此设置不同的 r 值会生成形状有所区别的退化轨迹，仿真模型如下

$$\begin{aligned}
&\lambda_{jk} \sim \text{Ga}(a,b) \\
&\eta_{jk} \mid \lambda_{jk} \sim N(c,d/\lambda_{jk}) \\
&A_{k,h} \sim \text{UNI}(0.05,20) \\
&t_{ijh} = t_{ijk} \cdot A_{k,h} \\
&\Delta y_{ijk} \mid (\eta_{jk},\lambda_{jk}) \sim \text{IG}(\eta_{jk}\Delta\Lambda(t_{ijh}),\lambda_{jk}\Delta\Lambda^2(t_{ijh}))
\end{aligned} \tag{5-9}$$

式中，UNI(·)表示均匀分布。仿真模型的参数值设置为：$(a, b) = (2.5, 2.5)$；$(c, d) = (5, 2)$；$i = 1, 2, \cdots, 20$；$j = 1, 2, \cdots, 20$；$t_{ijk} = 10, 20, \cdots, 100$；$\Lambda(t_{ijk}) = t_{ijk}^r$；$\Lambda = (0.9, 0.95, 1, 1.05, 1.1)$。验证步骤如下：

1) 取 r 值为 Λ_1，设 $A_{k,h} = 1$，利用以上仿真模型生成 S_k 下的退化增量 Δy_{ijk}、$\Delta\Lambda_{ijk}$，解出参数估计值 $\hat{\upsilon}_{jk}$、$\hat{r}_{jk}$，其中 $\hat{\upsilon}_{jk} = \hat{\mu}_{jk}/\sqrt{\hat{\lambda}_{jk}}$，得估计值向量 $\hat{\boldsymbol{\upsilon}}_k$、$\hat{\boldsymbol{r}}_k$；

2) 分别取 r 值为 Λ 中各项，利用仿真模型生成随机应力 S_h（$h = 1, 2, 3, 4, 5$）下的退化增量 Δy_{ijk}，$\Delta\Lambda(t_{ij1}; r_1)$，$\cdots$，$\Delta y_{ijk}$，$\Delta\Lambda(t_{ij5}; r_5)$，解出参数估计值 $\hat{\upsilon}_{j1}$，$\hat{r}_{j1}$，$\cdots$，$\hat{\upsilon}_{j5}$，$\hat{r}_{j5}$，得估计值向量 $\hat{\boldsymbol{\upsilon}}_1$，$\hat{\boldsymbol{r}}_1$，$\cdots$，$\hat{\boldsymbol{\upsilon}}_5$，$\hat{\boldsymbol{r}}_5$；

3) 设显著性水平为 0.05，利用本书所提方法检验 $\hat{\boldsymbol{\upsilon}}_k$ 是否分别与 $\hat{\boldsymbol{\upsilon}}_1$，$\cdots$，$\hat{\boldsymbol{\upsilon}}_5$ 具有一致性，$\hat{\boldsymbol{r}}_k$ 是否分别与 $\hat{\boldsymbol{r}}_1$，$\cdots$，$\hat{\boldsymbol{r}}_5$ 具有一致性，如果两次检验都通过标记为"Pass"，否则标记为"Fail"。

4) 将第 1) 步中的 r 依次取值为 Λ_2，Λ_3，Λ_4，Λ_5，重复执行步骤 1) 至步骤 3)。

参数估计值一致性检验结果见表 5-1（显著性水平为 $\alpha = 0.05$ 时），可见当步骤 1) 与 2) 中的参数 r 取相同值时，所提方法能够灵敏识别出参数估计值具有一致性；当两个步骤中的参数 r 的差值为 0.05 时，所提验证方法能够灵敏识别出参数估计值不具有一致性。试验结论说明所提验证方法具有较好的灵敏性。

表 5-1　一致性检验结果

r	0.9	0.95	1	1.05	1.1
0.9	**Pass**	Fail	Fail	Fail	Fail
0.95	Fail	**Pass**	Fail	Fail	Fail
1	Fail	Fail	**Pass**	Fail	Fail
1.05	Fail	Fail	Fail	**Pass**	Fail
1.1	Fail	Fail	Fail	Fail	**Pass**

5.2.4　案例应用

某型电连接器的主要失效模式有机械失效、电气失效、绝缘失效三种，机械失效主要由接插件应力松弛造成。为了研究某型电连接器机械失效造成的可靠性变化，文献 [218] 给出了以温度为加速应力的加速退化试验数据，见表 5-2，其中缺少第 2 个样品的第 7 次测量数据。性能退化量 y 为接插件应力值 x 相对于初始应力值 x_0 的百分比变化量 $y = (x - x_0)/x_0 \times 100\%$，每个样品在 0 时刻的性能退化量为 0，失效阈值为 $D = 30\%$。18 个样品被平均分配到 3 组加速温度应力：$T_1 = 338.16 \text{ K}$（65 ℃），$T_2 = 358.16 \text{ K}$（85 ℃），$T_3 = 373.16 \text{ K}$（100 ℃），产品工作的常规温度为 $T_0 = 313.16 \text{ K}$（40 ℃），图 5-2 中描绘了每个样品的退化轨迹。

表 5 - 2　电连接器加速退化数据

加速应力	样品编号	退化量/%										
T_1	1	2.12	2.7	3.52	4.25	5.55	6.12	6.75	7.22	7.68	8.46	9.46
	2	2.29	3.24	4.16	4.86	5.74	6.85	—	7.40	8.14	9.25	10.55
	3	2.40	3.61	4.35	5.09	5.50	7.03	8.24	8.81	9.63	10.27	11.11
	4	2.31	3.48	5.51	6.20	7.31	7.96	8.57	9.07	10.46	11.48	12.31
	5	3.14	4.33	5.92	7.22	8.14	9.07	9.44	10.09	11.20	12.77	13.51
	6	3.59	5.55	5.92	7.68	8.61	10.37	11.11	12.22	13.51	14.16	15.00
	测量时刻 /h	108	241	534	839	1 074	1 350	1 637	1 890	2 178	2 513	2 810
T_2	7	2.77	4.62	5.83	6.66	8.05	10.61	11.20	11.98	13.33	15.64	
	8	3.88	4.37	6.29	7.77	9.16	9.90	10.37	12.77	14.72	16.80	
	9	3.18	4.53	6.94	8.14	8.79	10.09	11.11	14.72	16.47	18.66	
	10	3.61	4.37	6.29	7.87	9.35	11.48	12.40	13.70	15.37	18.51	
	11	3.42	4.25	7.31	8.61	10.18	12.03	13.7	15.27	17.22	19.25	
	12	5.27	5.92	8.05	9.81	12.4	13.24	15.83	17.59	20.09	23.51	
	测量时刻 /h	46	108	212	408	632	764	1 011	1 333	1 517	1 856	
T_3	13	4.25	5.18	8.33	9.53	11.48	13.14	15.55	16.94	18.05	19.44	
	14	4.81	6.16	7.68	9.25	10.37	12.40	15.00	16.20	18.24	20.09	
	15	5.09	7.03	8.33	10.37	12.22	14.35	16.11	18.70	19.72	21.66	
	16	4.81	7.50	9.16	10.55	13.51	15.55	16.57	19.07	20.27	22.40	
	17	5.64	6.57	8.61	12.50	14.44	16.57	18.70	21.20	22.59	24.07	
	18	4.72	8.14	10.18	12.40	15.09	17.22	19.16	21.57	24.35	26.20	
	测量时刻 /h	46	108	212	344	446	636	729	879	1 005	1 218	

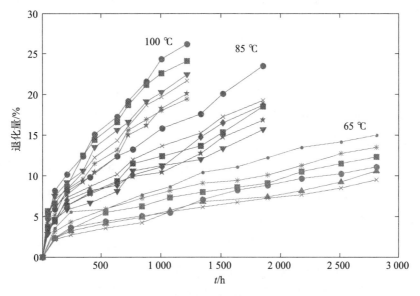

图 5 - 2　样品性能退化轨迹（见彩插）

首先，分别将每个产品的性能退化数据代入式（5-3），极大化式（5-3）得到每个产品对应的退化模型参数估计值（$\hat{\mu}_{jk}$，$\hat{\lambda}_{jk}$，$\hat{r}_{jk}$），见表 5-3。如果产品的性能退化过程为 Inverse Gaussian 过程，$\{\hat{\lambda}_{ik}(\Delta y_{ijk}-\hat{\mu}_{ik}\Delta\Lambda_{ijk})^2/(\hat{\mu}_{ik}^2\Delta y_{ijk})\}$ 应该近似服从 χ_1^2 分布。在置信水平为 0.05 的条件下，采用 Anderson - Darling 统计量检验每个样品对应的 $\{\hat{\lambda}_{ik}(\Delta y_{ijk}-\hat{\mu}_{ik}\Delta\Lambda_{ijk})^2/(\hat{\mu}_{ik}^2\Delta y_{ijk})\}$ 是否服从 χ_1^2 分布，结果表明所有产品的性能退化过程都为 Inverse Gaussian 过程。

表 5-3　每个样品的参数估计值

加速温度	样品编号	参数估计值			
		$\hat{\mu}_k$	$\hat{\lambda}_k$	$\hat{r}_k$	$\hat{\omega}_k$
65 ℃ （$k=1$）	1	0.135	0.145	0.535	0.354
	2	0.243	0.241	0.475	0.495
	3	0.170	0.136	0.527	0.461
	4	0.213	0.349	0.511	0.361
	5	0.362	1.080	0.456	0.348
	6	0.058	0.004	0.699	0.960
85 ℃ （$k=2$）	7	0.606	0.659	0.432	0.746
	8	0.537	0.475	0.458	0.779
	9	0.532	0.442	0.473	0.800
	10	0.491	0.575	0.482	0.648
	11	0.419	0.493	0.509	0.597
	12	0.367	0.231	0.553	0.764
100 ℃ （$k=3$）	13	0.529	0.747	0.507	0.612
	14	0.593	1.187	0.496	0.545
	15	0.669	1.940	0.490	0.480
	16	0.712	1.891	0.485	0.518
	17	0.540	0.620	0.535	0.685
	18	0.659	1.633	0.518	0.516

采用 ANOVA 方法检验 $\hat{\omega}_1$、$\hat{\omega}_2$、$\hat{\omega}_3$ 间是否有显著不同，显著性水平为 $\alpha=0.05$。计算得 $F^*=3.62$，满足 $F_{0.025}(2,15)\leqslant F^*\leqslant F_{0.975}(2,15)$，证明 $\hat{\omega}_1$、$\hat{\omega}_2$、$\hat{\omega}_3$ 没有显著不同，其中 $F_{0.025}(2,15)=0.0254$，$F_{0.975}(2,15)=4.765$。采用 ANOVA 方法检验 $\hat{r}_1$、$\hat{r}_2$、$\hat{r}_3$ 三者间是否有着显著不同，显著性水平为 $\alpha=0.05$。经进行计算可得出 $F^*=1.16$，满足 $F_{0.025}(2,15)\leqslant F^*\leqslant F_{0.975}(2,15)$，证明 $\hat{r}_1$、$\hat{r}_2$、$\hat{r}_3$ 也没有显著不同。图 5-3 展示了参数向量 $\hat{\omega}_1$、$\hat{\omega}_2$、$\hat{\omega}_3$ 的分布情况，图 5-4 展示了参数向量 $\hat{r}_1$、$\hat{r}_2$、$\hat{r}_3$ 的分布情况，可以看出 $\hat{r}_1$、$\hat{r}_2$、$\hat{r}_3$ 间的一致性比 $\hat{\omega}_1$、$\hat{\omega}_2$、$\hat{\omega}_3$ 间的一致性高。

综上，验证出产品在加速应力 T_1、T_2、T_3 下的失效机理具有一致性。

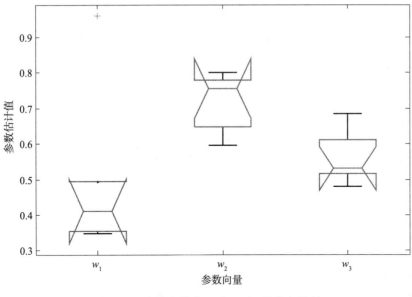

图 5-3　参数向量 $\hat{\boldsymbol{\omega}}_1$、$\hat{\boldsymbol{\omega}}_2$、$\hat{\boldsymbol{\omega}}_3$ 的分布情况

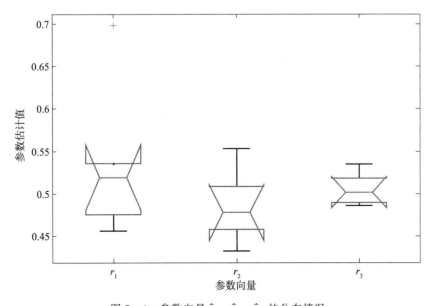

图 5-4　参数向量 $\hat{\boldsymbol{r}}_1$、$\hat{\boldsymbol{r}}_2$、$\hat{\boldsymbol{r}}_3$ 的分布情况

5.2.5　结果分析

1）利用加速因子不变理论将失效机理一致性验证问题转换为模型参数估计值一致性辨识问题，建立了一种基于加速试验数据统计分析验证产品失效机理一致性的可行方法。

2）基于 ANOVA 的验证方法能够有效检测出各加速应力水平间的参数估计值是否有显著差异，仿真试验显示基于 ANOVA 的验证方法具有较好的检测灵敏性与准确性。

5.3　模型准确性与可靠度评定结果一致性的验证方法

与传统可靠性试验相比，加速应力可靠性试验无论是在试验操作还是统计模型方面都变得复杂，增加了可靠度评定结果的不确定性。加速应力可靠性试验实质上是牺牲部分评估精度换取试验效率，外推到常应力下的可靠度结果通常会与真实值存在一定的偏差，因此需要验证此偏差是否在可接受的范围内。为了建立一套较为科学的可靠性模型与评定结果准确度的验证方法，首先设计了先验证模型后验证评定结果的基本流程，然后以Wiener - Arrhenius 加速退化模型为具体研究对象，提出了验证模型准确性与验证评定结果一致性的有效方法，最后通过实例应用说明了所提验证方法的可行性与有效性。

5.3.1　验证流程

基于加速退化数据的可靠度评定流程包含 4 个步骤，依次为：建立性能退化模型、建立加速退化模型、外推常应力下的可靠度模型、可靠度评定，如图 5-5 中所示。根据可靠度评定流程，设计模型准确性与可靠度评定结果一致性的验证流程如图 5-5 中所示。

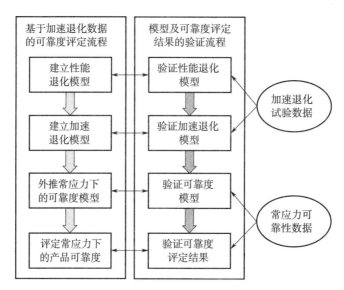

图 5-5　模型准确性与评定结果一致性的验证流程

以图 5-5 所示的验证流程为基础建立一套验证模型准确性与可靠度评定结果一致性的技术框架，技术框架主要内容包括：基于假设检验的模型准确性验证方法，基于面积比的可靠度评定结果一致性验证方法。

5.3.2　Wiener - Arrhenius 加速退化模型

对于缺乏可靠性信息的新型弹载退化失效型产品来说，由于尚未确切掌握产品的失效物理过程，无法通过失效物理分析的手段推导出产品的性能退化模型或加速退化模型，基于退化数据拟合的建模方法成为一种广泛应用的可行手段。连续时间随机过程能够描述产品退化的不确定性，而且具有较好的统计特性和拟合能力。采用 Wiener 过程建立产品的性能退化模型，假定某产品的性能退化过程 $Y(t)$ 为 Wiener 过程，则 $Y(t)$ 可被描述为

$$Y(t) = \mu\Lambda(t) + \sigma B(\Lambda(t)) \tag{5-10}$$

产品的退化速率受环境应力水平的影响，严酷的环境应力会加速产品的退化过程，提高退化速率。Wiener 退化模型的 3 个参数 μ、σ、Λ 中，漂移参数 μ 的物理内涵能够表征退化速率，因此 μ 值应该与环境应力相关，为了准确建立产品的加速退化模型，还需要确定 σ、Λ 是否与环境应力相关。采用加速系数不变原则推导出：扩散参数 σ 与环境应力相关，时间参数 Λ 与环境应力无关，具体推导步骤已经在前面章节中论述。

试验中的加速环境应力为绝对温度 T，可采用 Arrhenius 方程建立 μ、σ 的加速模型

$$\mu(t) = \exp(\gamma_1 - \gamma_2/T) \tag{5-11}$$

$$\sigma(t) = \exp(\gamma_3 - 0.5\gamma_2/T) \tag{5-12}$$

将式（5-11）与式（5-12）代入式（5-10）得出 Wiener - Arrhenius 加速退化模型为

$$Y(t;T) = \exp(\gamma_1 - \gamma_2/T)t^\Lambda + \exp(\gamma_3 - 0.5\gamma_2/T)B(t^\Lambda) \tag{5-13}$$

式中，γ_1、γ_2、γ_3、Λ 为加速退化模型中的未知参数。令 D 表示产品的失效阈值，$\xi(t)$ 表示产品在温度 T 下的失效时间数据，推导出 $(\xi(T))^\Lambda$ 应该服从如下形式的 Inverse Gaussian 分布

$$(\xi(T))^\Lambda \sim \mathrm{IG}\left(\frac{D}{\exp(\gamma_1 - \gamma_2/T)}, \frac{D^2}{\exp(2\gamma_3 - \gamma_2/T)}\right) \tag{5-14}$$

进而由 Inverse Gaussian 分布函数得出可靠性模型为

$$R(t;T) = \Phi\left(\frac{D - \exp(\gamma_1 - \gamma_2/T)t^\Lambda}{\exp(\gamma_3 - 0.5\gamma_2/T)t^{0.5\Lambda}}\right) - \exp[2D\exp(\gamma_1 - 2\gamma_3)] \cdot$$
$$\Phi\left(-\frac{\exp(\gamma_1 - \gamma_2/T)t^\Lambda + D}{\exp(\gamma_3 - 0.5\gamma_2/T)t^{0.5\Lambda}}\right) \tag{5-15}$$

式中，$\Phi(\cdot)$ 为标准 Normal 分布函数。

产品的可靠性模型与加速退化模型具有相同的参数向量 $\boldsymbol{\theta} = (\gamma_1, \gamma_2, \gamma_3, \Lambda)$，估计出加速退化模型的参数值也就能够确定出产品的可靠性模型。对于式（5-13）中所示的 Wiener - Arrhenius 加速退化模型，独立增量 $\Delta Y(t;T)$ 服从如下形式的 Normal 分布

$$\Delta Y(t;T) \sim N(\exp(\gamma_1 - \gamma_2/T)\Delta\Lambda(t), \exp(2\gamma_3 - \gamma_2/T)\Delta\Lambda(t)) \tag{5-16}$$

式中，$\Delta\Lambda(t) = (t + \Delta t)^\Lambda - t^\Lambda$。

设 t_{ijk} 为 T_k 下第 j 个产品的第 i 次测量时刻，y_{ijk} 为相应的性能退化数据，$\Delta y_{ijk} = y_{ijk} - y_{(i-1)jk}$ 表示退化增量，$\Delta\Lambda_{ijk} = t_{ijk}^\Lambda - t_{(i-1)jk}^\Lambda$ 表示时间增量，其中 $i = 1, 2, \cdots, H_k$；$j = 1, 2, \cdots, N$；$k = 1, 2, \cdots, M$。根据式（5-16）建立对数似然函数为

$$\log L(\boldsymbol{\theta}) = -\frac{1}{2}\sum_{k=1}^{M}\sum_{j=1}^{N}\sum_{i=1}^{H_k}\left\{\ln(2\pi) + 2\gamma_3 - \frac{\gamma_2}{T_k} + \ln\Delta\Lambda_{ijk} - 2\frac{[\Delta y_{ijk} - \exp(\gamma_1 - \gamma_2/T_k)\Delta\Lambda_{ijk}]^2}{\exp(2\gamma_3 - \gamma_2/T_k)\Delta\Lambda_{ijk}}\right\}$$
$$\tag{5-17}$$

极大化上式获得模型参数的极大似然估计值 $\hat{\boldsymbol{\theta}} = (\hat{\gamma}_1, \hat{\gamma}_2, \hat{\gamma}_3, \hat{\Lambda})$。

5.3.3　模型的准确性验证

5.3.3.1　基于加速退化数据验证模型准确性

如果获取不到常应力水平下的可靠性数据，只能基于加速退化数据对模型准确性进行验证。首先，验证 Wiener 退化模型的准确性。由 $\Delta y_{ijk} \sim N(\mu_{jk} \Delta\Lambda_{ijk}, \sigma_{jk}^2 \Delta\Lambda_{ijk})$ 的密度函数构建对数似然函数为

$$\log L(\mu_{jk}, \sigma_{jk}^2, \Lambda_{jk}) = -\frac{1}{2} \sum_{i=1}^{H_k} \left[\ln(2\pi) + \ln\sigma_{jk}^2 + \ln\Delta\Lambda_{ijk} - 2\frac{(\Delta y_{ijk} - \mu_{jk} \Delta\Lambda_{ijk})^2}{\sigma_{jk}^2 \Delta\Lambda_{ijk}} \right]$$

$$(5-18)$$

式中，$\Delta\Lambda_{ijk} = t_{ijk}^{\Lambda_{jk}} - t_{(i-1)jk}^{\Lambda_{jk}}$。分别将各产品的性能退化数据代入上式，获得各产品的参数估计值 $(\hat{\mu}_{jk}, \hat{\sigma}_{jk}^2, \hat{\Lambda}_{jk})$，如果

$$\frac{\Delta y_{ijk} - \hat{\mu}_{jk} \Delta\Lambda_{ijk}}{\sqrt{\hat{\sigma}_{jk}^2 \Delta\Lambda_{ijk}}} \sim N(0, 1) \qquad (5-19)$$

成立，说明各产品的性能退化服从 Wiener 过程，建立的 Wiener 退化模型是准确的。采用假设检验法验证式（5-19）是否成立，设原假设 H_0：式（5-19）成立；备选假设 H_1：式（5-19）不成立。假设检验可采用 Kolmogorov-Smirnov 法或 Anderson-Darling 法，基于这两种方法的 p 值计算公式见文献 [219, 220]，当 p 值大于设定的显著性水平 α 时不能拒绝原假设；否则拒绝原假设。

然后，验证式（5-13）中的 Wiener-Arrhenius 加速退化模型的准确性。根据 $\Delta y_{ijk} \sim N(\exp(\hat{\gamma}_1 - \hat{\gamma}_2/T_k) \Delta\Lambda_{ijk}, \exp(2\hat{\gamma}_3 - \hat{\gamma}_2/T_k) \Delta\Lambda_{ijk})$，其中 $\Delta\Lambda_{ijk} = t_{ijk}^{\hat{\Lambda}} - t_{(i-1)jk}^{\hat{\Lambda}}$，建立统计量

$$z_{ijk} = \frac{\Delta y_{ijk} - \exp(\hat{\gamma}_1 - \hat{\gamma}_2/T_k) \Delta\Lambda_{ijk}}{\sqrt{\exp(2\hat{\gamma}_3 - \hat{\gamma}_2/T_k) \Delta\Lambda_{ijk}}} \qquad (5-20)$$

设原假设 $H_0: z_{ijk} \sim N(0, 1)$ 成立；备选假设 $H_1: z_{ijk} \sim N(0, 1)$ 不成立。假设检验同样采用 Kolmogorov-Smirnov 法或 Anderson-Darling 法，如果无法拒绝原假设，说明式（5-13）中的 Wiener-Arrhenius 加速退化模型是准确的；否则，说明此加速退化模型不准确。

5.3.3.2　基于常应力可靠性数据验证模型准确性

如果能够获取一些产品在常应力水平下的可靠性数据，利用这些数据验证模型的准确性将更令人信服。常应力下的可靠性数据包含 3 种情况：1）仅有失效时间数据；2）仅有性能退化数据；3）同时具有性能退化数据与失效时间数据。分别针对此 3 种情况提出验证方法。

1）设产品在常应力水平下的失效时间数据为 ξ_j，$j = 1, 2, \cdots, J$；如果 $(\xi_i)^{\hat{\Lambda}}$ 满足

如下 Inverse Gaussian 分布

$$(\xi_i)^{\hat{\lambda}} \sim IG\left(\frac{D}{\exp(\hat{\gamma}_1 - \hat{\gamma}_2/T_0)}, \frac{D^2}{\exp(2\hat{\gamma}_3 - \hat{\gamma}_2/T_0)}\right) \tag{5-21}$$

则说明外推出的可靠度模型是准确的，采用 Anderson-Darling 法验证上式是否成立。

2）设产品在 T_0 下的性能退化数据为 x_{ij}、t_{ij} , $i=1, 2, \cdots, H$; $j=1, 2, \cdots,$ N ; 令

$$z_{ij} = \frac{\Delta x_{ij} - \exp(\hat{\gamma}_1 - \hat{\gamma}_2/T_0)\Delta\Lambda_{ij}}{\sqrt{\exp(2\hat{\gamma}_3 - \hat{\gamma}_2/T_0)\Delta\Lambda_{ij}}} , \quad \Delta\Lambda_{ij} = t_{ij}^{\hat{\lambda}} - t_{(i-1)j}^{\hat{\lambda}} \tag{5-22}$$

如果 z_{ij} 服从标准 Normal 分布，则说明外推出的可靠度模型是准确的，采用 Anderson-Darling 法验证上式是否成立。

3）设产品在 T_0 下同时具有失效时间数据 ξ_j 与性能退化数据 x_{ij}、t_{ij} , 如果 $(\xi_i)^{\hat{\lambda}}$ 服从式（5-21）的 Inverse Gaussian 分布并且 z_{ij} 服从标准 Normal 分布，则说明外推出的可靠度模型是准确的；否则说明外推出的可靠度模型不准确。

5.3.4　可靠度评定结果的一致性验证

5.3.4.1　建立标准可靠度模型

1）基于产品在常应力下的失效时间数据 ξ_j , $j=1, 2, \cdots, J$; 确定标准可靠度模型为

$$R^{(1)}(t) = \Phi\left(\sqrt{\frac{\hat{\lambda}}{t}}\left(1 - \frac{t}{\hat{\delta}}\right)\right) - \exp\left(\frac{2\hat{\lambda}}{\hat{\delta}}\right)\Phi\left(-\sqrt{\frac{\hat{\lambda}}{t}}\left(1 + \frac{t}{\hat{\delta}}\right)\right) \tag{5-23}$$

通过建立如下极大化似然函数获取参数估计值 $(\hat{\delta}, \hat{\lambda})$

$$L(\delta, \lambda) = \prod_{j=1}^{J}\sqrt{\frac{\lambda}{2\pi\xi_j^3}}\exp\left(-\frac{\lambda(\xi_j - \delta)^2}{2\delta^2\xi_j}\right) \tag{5-24}$$

2）基于产品在常应力下的性能退化数据为 x_{ij}、t_{ij} , $i=1, 2, \cdots, H$; $j=1,$ $2, \cdots, N$; 确定标准可靠度模型为

$$R^{(2)}(t) = \Phi\left(\frac{D - \hat{\mu}t^{\hat{\lambda}}}{\hat{\sigma}t^{0.5\hat{\lambda}}}\right) - \exp\left(\frac{2\hat{\mu}D}{\hat{\sigma}^2}\right)\Phi\left(-\frac{D + \hat{\mu}t^{\hat{\lambda}}}{\hat{\sigma}t^{0.5\hat{\lambda}}}\right) \tag{5-25}$$

通过建立如下似然函数获取参数估计值 $(\hat{\mu}, \hat{\sigma}, \hat{\Lambda})$

$$L(\mu, \sigma, \Lambda) = \prod_{j=1}^{N}\prod_{i=1}^{H}\frac{1}{\sqrt{2\pi\sigma^2\Delta\Lambda_{ij}}}\exp\left(-\frac{(\Delta x_{ij} - \mu\Delta\Lambda_{ij})^2}{2\sigma^2\Delta\Lambda_{ij}}\right) \tag{5-26}$$

3）基于产品在常应力下的失效时间数据 ξ_j 与性能退化数据 x_{ij}、t_{ij} , 确定标准可靠度模型为

$$R^{(3)}(t) = \Phi\left(\frac{D - \hat{\mu}t^{\hat{\lambda}}}{\hat{\sigma}t^{0.5\hat{\lambda}}}\right) - \exp\left(\frac{2\hat{\mu}D}{\hat{\sigma}^2}\right)\Phi\left(-\frac{D + \hat{\mu}t^{\hat{\lambda}}}{\hat{\sigma}t^{0.5\hat{\lambda}}}\right) \tag{5-27}$$

通过建立如下似然函数获取参数估计值 $(\hat{\mu}, \hat{\sigma}, \hat{\Lambda})$

$$L(\mu, \sigma, \Lambda) = \prod_{j=1}^{J} \frac{\Lambda \xi_j^{\Lambda-1} D}{\sqrt{2\pi\sigma^2 \xi_j^{3\Lambda}}} \exp\left(-\frac{(D - \mu\xi_j^{\Lambda})^2}{2\sigma^2 \xi_j^{\Lambda}}\right) \cdot \prod_{j=1}^{N} \prod_{i=1}^{H} \frac{1}{\sqrt{2\pi\sigma^2 \Delta\Lambda_{ij}}} \exp\left(-\frac{(\Delta x_{ij} - \mu\Delta\Lambda_{ij})^2}{2\sigma^2 \Delta\Lambda_{ij}}\right)$$

$$(5-28)$$

5.3.4.2 基于面积比的定量验证

将加速退化模型的参数估计值 $\hat{\boldsymbol{\theta}} = (\hat{\gamma}_1, \hat{\gamma}_2, \hat{\gamma}_3, \hat{\Lambda})$ 代入式（5-15），外推出产品在常应力下的可靠度模型为

$$R(t; T_0) = \Phi\left(\frac{D - \exp(\hat{\gamma}_1 - \hat{\gamma}_2/T_0)t^{\hat{\Lambda}}}{\exp(\hat{\gamma}_3 - 0.5\hat{\gamma}_2/T_0)t^{0.5\hat{\Lambda}}}\right) - \exp[2D\exp(\hat{\gamma}_1 - 2\hat{\gamma}_3)] \cdot$$

$$(5-29)$$

$$\Phi\left(-\frac{\exp(\hat{\gamma}_1 - \hat{\gamma}_2/T_0)t^{\hat{\Lambda}} + D}{\exp(\hat{\gamma}_3 - 0.5\hat{\gamma}_2/T_0)t^{0.5\hat{\Lambda}}}\right)$$

为了便于论述可靠度评定结果的一致性验证方法，假定外推出的可靠度曲线 $R(t; T_0)$ 与标准可靠度曲线 $R^{(3)}(t)$ 如图 5-6 所示。

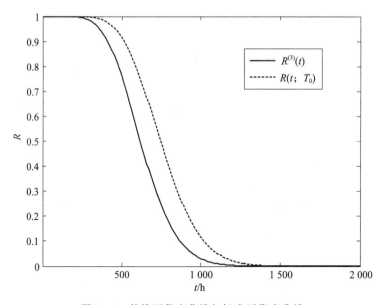

图 5-6 外推可靠度曲线与标准可靠度曲线

文献 [171] 利用两可靠度曲线间的面积大小表征可靠度评定结果的累计误差，如图 5-7 中的红色区域。累计误差的计算公式为

$$s(R(t; T_0), R^{(3)}(t)) = \int_0^{+\infty} |R(t; T_0) - R^{(3)}(t)| \, dt \qquad (5-30)$$

通过式（5-30）虽然能够计算出可靠度评定结果的定量误差，然而难以据此判别出评定结果是否与标准值具有一致性。在文献 [171] 研究工作的基础上，本书提出了基于面积比的可靠度评定结果一致性验证方法。令 s 表示图 5-7 中红色区域面积与蓝色区域面

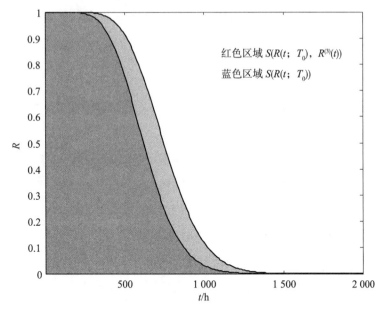

图 5 - 7　可靠度曲线划分的两个区域（见彩插）

积之比，s 的计算公式为

$$s = \frac{s\left(R\left(t;T_0\right),R^{(3)}\left(t\right)\right)}{s\left(R^{(3)}\left(t\right)\right)} = \frac{\displaystyle\int_0^{+\infty} \left| R\left(t;T_0\right) - R^{(3)}\left(t\right) \right| \, \mathrm{d}t}{\displaystyle\int_0^{+\infty} R^{(3)}\left(t\right) \, \mathrm{d}t} \leqslant \varepsilon \qquad (5-31)$$

式中，$s\left(R\left(t;T_0\right),R^{(3)}\left(t\right)\right)$ 表示红色区域的面积；$s\left(R^{(3)}\left(t\right)\right)$ 表示蓝色区域的面积。

　　为了能够定量验证出评定结果是否与标准值具有一致性，引入面积比阈值 ε，如果 $s \leqslant \varepsilon$ 说明可靠度评定结果与标准值具有一致性，评定结果准确；否则说明可靠度评定结果不准确。

　　由于 $R\left(t;T_0\right)$ 及 $R^{(3)}\left(t\right)$ 的表达式都相对复杂，难以通过数学解析方法求取 $\int_0^{+\infty} R^{(3)}\left(t\right) \, \mathrm{d}t$，$\int_0^{+\infty} \left| R\left(t;T_0\right) - R^{(3)}\left(t\right) \right| \, \mathrm{d}t$。本书采用蒙特卡洛模拟思路，将定积分值求取难题转换为概率统计问题解决，主要思路与步骤为：

　　1) 选取一个令 $R\left(t^*;T_0\right) = 0$，$R^{(3)}\left(t^*\right) = 0$ 的较大横坐标值，如 $t^* = 2\,000$，由点 $(0, 0)$、$(0, 1)$、$(t^*, 1)$、$(t^*, 0)$ 构成如图 5 - 6 所示的绿色区域；

　　2) 令 $t = \mathrm{UNI}(0, t^*)$，$R = \mathrm{UNI}(0, 1)$，从而在绿色区域内确定一个随机点 (t, R)；

　　3) 判断 (t, R) 是落入 $R^{(3)}\left(t\right)$ 与横坐标之间（图 5 - 7 的蓝色区域）或是落入 $R\left(t;T_0\right)$ 与 $R^{(3)}\left(t\right)$ 之间（图 5 - 7 的红色区域）；

　　4) 执行步骤 2) 与步骤 3) N 次，统计 (t, R) 落入蓝色区域的次数 K_1 及落入红色区域的次数 K_2。

　　当 N 足够大的时候，如下关系式成立

$$\int_0^{+\infty} R^{(3)}(t)\, \mathrm{d}t = \frac{K_1}{N}t^* \tag{5-32}$$

$$\int_0^{+\infty} \left| R(t;T_0) - R^{(3)}(t) \right|\, \mathrm{d}t = \frac{K_2}{N}t^* \tag{5-33}$$

$$s = \frac{\int_0^{+\infty} \left| R(t;T_0) - R^{(3)}(t) \right|\, \mathrm{d}t}{\int_0^{+\infty} R^{(3)}(t)\, \mathrm{d}t} = \frac{K_2}{K_1} \tag{5-34}$$

以上方法是基于整条可靠度曲线验证可靠度评定结果的一致性。工程实践中，在很多情况下更看重可靠度评定曲线的上半部分是否准确，以便做出维修决策。根据此需求，可建立如下验证模型

$$s_{0.5} = \frac{\int_0^{t_{0.5}} \left| R(t;T_0) - R^{(3)}(t) \right|\, \mathrm{d}t}{\int_0^{t_{0.5}} R^{(3)}(t)\, \mathrm{d}t} \leqslant \varepsilon \tag{5-35}$$

式中，$t_{0.5}$ 由 $R^{(3)}(t_{0.5}) = 0.5$ 计算得出。

5.3.5　案例应用

某弹载惯导系统的伺服电路为退化失效型产品，伺服电路在长期贮存过程中会产生电路参数漂移、磁性减弱等性能退化现象，外部表现为电路电压的测量值随时间呈递减趋势。根据伺服电路设计规范，当电压测量值 x 与初始值 x_0 的相对百分比 y 的变化达到 10% 时，产品发生退化失效，将 y 作为性能退化量研究产品可靠性，失效阈值为 $D=10$。温度是导致伺服电路性能退化的主要环境应力，然而伺服电路在常温 $T_0 = 298.16$ K 下的退化速率缓慢，因此开展了加速温度应力可靠性评定试验，试验样本量为22，加速温度应力水平依次为 $T_1 = 323.16$ K，$T_2 = 348.16$ K，$T_3 = 368.16$ K，各样品的测量时间及性能退化量 y 见表5-4。

表 5-4　各样品的测量时间和性能退化量

序号		性能退化量 y								
	t/h	480	960	1 440	1 920	2 400	2 880	3 360	3 840	4 320
T_1	1	0.721	1.337	1.533	1.956	2.465	2.641	2.954	3.496	3.812
	2	0.873	1.466	1.813	2.374	2.549	2.708	2.752	2.968	3.387
	3	0.407	0.665	1.134	1.390	1.561	1.723	1.771	2.236	2.539
	4	0.608	1.090	1.709	2.183	2.627	3.311	3.275	3.398	3.486
	5	0.459	0.586	1.268	1.665	2.032	2.459	2.650	2.574	2.838
	6	0.594	0.942	2.046	2.428	2.680	3.451	3.779	4.328	4.518
	7	0.341	1.205	1.566	2.045	2.011	2.767	3.241	3.986	4.274
	8	0.694	0.801	1.208	1.383	1.690	1.858	2.210	2.769	3.296

续表

序号		性能退化量 y							
	t/h	240	480	720	960	1200	1440	1680	1920
	9	0.643	1.543	1.090	1.667	2.408	3.033	4.184	5.138
	10	1.536	2.164	2.491	3.208	3.917	4.430	5.353	5.877
	11	1.318	2.986	3.675	4.412	4.750	5.462	6.035	6.773
T_2	12	1.286	1.792	2.424	3.248	3.435	4.078	4.556	5.069
	13	1.011	1.235	1.794	2.760	2.816	3.642	4.762	5.210
	14	1.329	1.402	2.428	2.612	3.335	3.825	4.332	5.341
	15	1.749	2.711	3.367	3.934	4.601	4.613	5.092	6.271
	t/h	120	240	360	480	600	720	840	960
	16	0.709	2.213	3.539	4.454	5.125	6.033	7.486	8.118
	17	2.111	3.256	4.105	5.455	5.978	6.702	7.475	8.198
	18	1.881	3.066	3.850	4.292	4.810	5.852	6.955	7.762
T_3	19	1.060	1.720	3.048	3.676	4.866	4.592	5.380	7.163
	20	1.279	1.803	2.586	3.563	4.227	5.220	6.166	6.986
	21	1.254	1.963	2.591	4.062	4.355	4.771	5.327	6.388
	22	1.062	1.636	2.136	3.203	4.282	4.881	5.921	6.592

5.3.5.1　基于加速退化数据验证模型准确性

首先，验证 Wiener 退化模型的准确性。通过式（5-18）的对数似然方程估计出各产品的模型参数值，在显著性水平为 $\alpha = 0.05$ 的条件下，利用 Kolmogorov - Smirnov 法验证出各产品的性能退化数据都服从 Wiener 退化模型。然后，验证所建 Wiener - Arrhenius 加速退化模型 $Y(t;T) = \exp(\gamma_1 - \gamma_2/T)t^\Lambda + \exp(\gamma_3 - 0.5\gamma_2/T)B(t^\Lambda)$ 的准确性。通过式（5-17）的对数似然方程获得加速退化模型的参数估计值为 $(\hat{\gamma}_1, \hat{\gamma}_2, \hat{\gamma}_3, \hat{\Lambda}) = (10.707, 5270.838, 4.418, 0.817)$，利用 Kolmogorov - Smirnov 法对 $z_{ijk} \sim N(0,1)$ 是否成立进行验证。z_{ijk} 对标准 Normal 分布的 Q-Q 图如图 5-8 所示，显示出较好的一致性，计算得 $p = 0.91$，大于显著性水平 $\alpha = 0.05$，验证了所建 Wiener - Arrhenius 加速退化模型的准确性。

5.3.5.2　基于常应力可靠性数据验证模型准确性

收集了惯导系统伺服电路在常温下的 4 个失效时间数据，分别为 $\xi_i = 70\,070$ h，$65\,836$ h，$87\,609$ h，$80\,803$ h，并且测量到了 2 块伺服电路在常温下的性能退化数据，见表 5-5。

表 5-5　常温下两个产品的性能退化数据

Unit 1	t/h	5 300	7 120	9 350	12 000	15 800
	$y/\%$	1.286	1.776	2.228	2.641	2.922
Unit 2	t/h	3 600	5 050	8 700	11 060	13 500
	$y/\%$	0.477	0.599	1.388	1.853	2.234

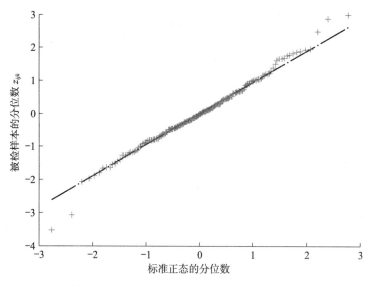

图 5-8 z_{ijk} 对标准 Normal 分布的 Q-Q 图

首先利用 Anderson-Darling 检验方法验证 ξ_i 是否满足式（5-21），计算得 $p = 0.431$，在显著性水平 $\alpha = 0.05$ 时不能拒绝式（5-21）成立的原假设。然后利用 Anderson-Darling 检验方法验证表 5-5 中列出的性能退化数据是否满足 $z_{ij} \sim N(0，1)$ ，与标准 Normal 分布的拟合情况如图 5-9 所示，可见拟合效果很好并且 $p > 0.25$，在显著性水平 $\alpha = 0.05$ 时不能拒绝 $z_{ij} \sim N(0，1)$ 成立的原假设。

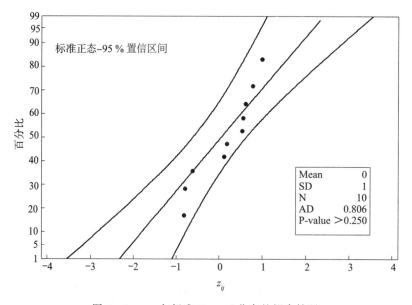

图 5-9 z_{ij} 与标准 Normal 分布的拟合情况

5.3.5.3 可靠性评定结果的一致性验证

将产品在常应力下的可靠性数据代入式（5-28），估计出标准可靠度模型的参数值为

$(\hat{\mu},\hat{\sigma}^2,\hat{\Lambda})=(8.520\mathrm{E}-4,5.733\mathrm{E}-5,0.834)$，图 5 - 10 中分别描绘了标准可靠度曲线 $R^{(3)}(t)$ 与外推出的可靠度曲线 $R(t;T_0)$。根据工程经验，将面积比阈值设为 $\varepsilon=0.2$，利用所提出的蒙特卡洛思路计算出两种面积比分别为 $s=0.114$，$s_{0.5}=0.099$，均小于阈值 $\varepsilon=0.2$，说明可靠度评定结果与标准值具有一致性，评定结果准确。

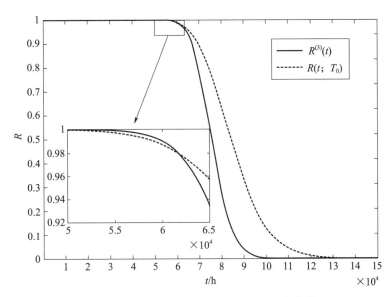

图 5 - 10　标准可靠度曲线 $R^{(3)}(t)$ 与外推出的可靠度曲线 $R(t;T_0)$

5.3.5.4　对另一种 Wiener - Arrhenius 加速退化模型的验证

由性能退化模型建立加速退化模型，需要获知性能退化模型中的哪些参数与环境应力相关。目前，很多学者假定 Wiener 退化模型中只有漂移参数与环境应力相关，并据此建立如下形式的 Wiener - Arrhenius 加速退化模型

$$Y(t;T)=\exp(\eta_1-\eta_2/T)t^r+\sigma B(t^r)$$

式中，η_1、η_2、σ、r 为加速退化模型中的待估参数。利用表 5 - 4 中列出的加速退化数据获得加速退化模型各参数的极大似然估计值为 $(\hat{\eta}_1,\hat{\eta}_2,\hat{\sigma}^2,\hat{r})=(10.438,5\,118.920,2.549\mathrm{E}-2,0.794)$。

首先，基于产品的加速退化数据验证所建加速退化模型的准确性。采用 Kolmogorov - Smirnov 检验法对 $z_{ijk}\sim N(0,1)$ 是否成立进行验证，其中

$$z_{ijk}=\frac{\Delta y_{ijk}-\exp(\hat{\eta}_1-\hat{\eta}_2/T_k)(t^{\hat{r}}_{ijk}-t^{\hat{r}}_{(i-1)jk})}{\sqrt{\hat{\sigma}^2(t^{\hat{r}}_{ijk}-t^{\hat{r}}_{(i-1)jk})}}$$

z_{ijk} 对标准 Normal 分布的 Q - Q 图如图 5 - 11 所示，可见拟合效果较差。计算得 $p<\alpha=0.05$，据此拒绝 $z_{ijk}\sim N(0,1)$ 成立的原假设，验证出产品的加速退化数据不服从此 Wiener - Arrhenius 加速退化模型 $Y(t;T)=\exp(\hat{\eta}_1-\hat{\eta}_2/T)t^{\hat{r}}+\sigma B(t^{\hat{r}})$，此加速退化模型不准确。

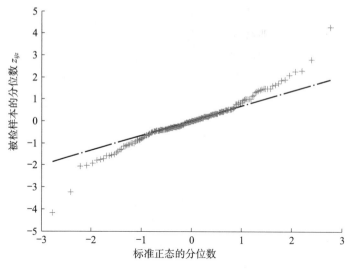

图 5-11　z_{ijk} 对标准 Normal 分布的 Q-Q 图

为了阐述所提验证方法的可行性与实用性，继续利用常应力下的可靠性数据验证此加速退化模型的准确性。设

$$z_{ij0} = \frac{\Delta y_{ij0} - \exp(\hat{\eta}_1 - \hat{\eta}_2/T_0)\,(t_{ij0}^{\hat{r}} - t_{(i-1)j0}^{\hat{r}})}{\sqrt{\hat{\sigma}^2\,(t_{ij0}^{\hat{r}} - t_{(i-1)j0}^{\hat{r}})}}$$

将表 5-5 中的各性能退化数据代入上式获得数据向量 $\boldsymbol{Z} = (z_{110}, \cdots, z_{510}, z_{120}, \cdots,$
$z_{520})$，在显著性水平 $\alpha = 0.05$ 时拒绝了 $\boldsymbol{Z} \sim N(0, 1)$ 成立的原假设，如图 5-12 显示了 $\boldsymbol{Z}$ 与标准 Normal 分布的拟合情况，再次验证出此加速退化模型不准确。

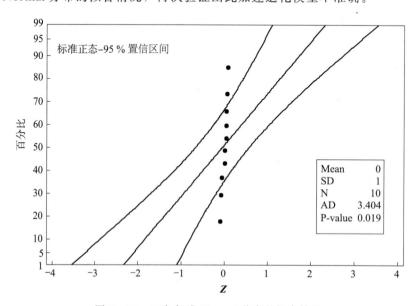

图 5-12　$\boldsymbol{Z}$ 与标准 Normal 分布的拟合情况

最后，验证可靠度评定结果与标准值的一致性。$R^{(3)}(t)$ 为标准可靠度曲线，$R^{*}(t；T_0)$ 为依据此加速退化模型外推出的可靠度曲线，图 5-13 描绘了 $R^{(3)}(t)$ 与 $R^{*}(t；T_0)$ 的分布。

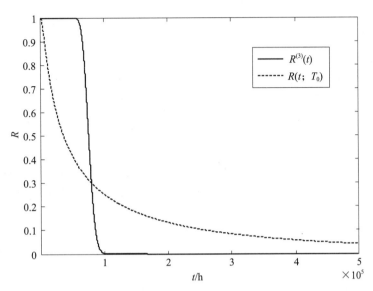

图 5-13　标准可靠度曲线 $R^{(3)}(t)$ 与外推出的可靠度曲线 $R^{*}(t；T_0)$

计算出面积比 $s > 45.45\%$，远大于阈值 $\varepsilon = 0.2$，说明外推的可靠度评定结果与标准值不一致，评定结果不准确。

5.3.6　结果分析

1）设计了验证模型准确性及可靠性评定结果一致性的技术流程，结合 Wiener - Arrhenius 加速退化模型构建了具体的验证技术框架，通过实例应用展示了技术框架的可行性，为解决加速应力可靠性试验中的验证问题提供了有效手段。

2）设计了基于假设检验的模型准确性验证方法，利用 Kolmogorov - Smirnov 检验法、Anderson - Darling 检验法能够客观、科学地验证建立的 Wiener 退化模型、Wiener - Arrhenius 加速退化模型及外推的可靠性模型是否准确。

3）提出了基于面积比的评定结果一致性验证方法，利用蒙特卡洛仿真解决复杂可靠度函数积分问题，用于定量表征可靠度评定结果与标准值的一致性，此验证方法具有较好的工程实用价值。

5.4　本章小结

本章提出了一种基于 ANOVA 的失效机理一致性验证方法，建立了模型准确性及可靠性评定结果一致性的验证方法，为解决加速应力可靠性试验中的验证难题提供了兼具理论先进性和工程实用性的技术方案。

第 6 章　总结与展望

6.1　本书总结

　　传统的军用装备可靠性试验技术效率偏低，难以适应当今装备更新换代加速的节奏。为了提升可靠性试验效率，本书研究了弹载失效型产品的加速应力可靠性试验方法，对可靠性试验优化设计、可靠性评定、评估结果的验证三大研究方向存在的热点、难点问题进行了有益的探索，建立了若干具有工程实用价值的方法，初步形成了弹载退化失效型产品的加速应力可靠性试验技术框架，一定程度上成为传统可靠性试验技术的有益补充。研究成果能够广泛应用于弹载退化失效型产品在工程研制、产品定型、批量生产、交付部队、贮存延寿等阶段的可靠性试验。

　　本书的学术贡献主要体现在以下 5 个方面：

　　1）加速应力可靠性评定试验优化设计方面：加速系数不变原则为准确建立加速退化模型提供了一种有效方法，避免了凭借主观判断或工程经验错误建立加速退化模型的风险，对于准确构建加速退化试验优化的数学模型具有重要作用；将最小化加速系数估计值的渐进方差作为优化准则具有理论可行性和工程实用性，为构建加速退化试验优化的数学模型提供了另一种有效途径，特别适用于无法推导出产品 p 分位寿命闭环解析式的情况；获取最优试验方案的本质是求解条件约束下的整数规划问题，这在决策变量较多的情况下需要很大的计算量，利用程序化的组合算法解析整数规划问题不仅必要而且高效。

　　2）加速应力可靠性验收试验优化设计方面：提出了一种将加速应力下试验截止时间的渐近方差作为目标函数的试验方案优化设计方法，电连接器案例分析表明加速应力可靠性验收试验时间缩短至传统可靠性验收试验时间的 1/21；仿真试验表明所提方法对模型参数估计值误差具有较好的鲁棒性，但退化模型误指定很可能获得一个非最优的加速应力可靠性验收试验方案。

　　3）基于多元加速退化数据的可靠性评定方面：考虑退化增量耦合性的建模方法与考虑边缘生存函数耦合性的建模方法都为基于多元加速退化数据评定产品可靠性提供了有效手段，这两种方法具备较广的适用范围和较强的工程应用性；将多种随机过程与多种 Copula 函数作为候选，根据 AIC 值大小确定出与样本数据拟合最优的性能退化模型或 Copula 函数类型，这种建模思路降低了错误建模的风险；提出的基于 Bayesian MCMC 的参数估计方法，有效解决了因为多元加速退化模型中的参数过多所造成的传统估计方法不适用的难题。

　　4）基于多源数据融合的贮存寿命预测方面：先验信息和现场信息预测个体剩余寿命

在现场退化数据有限的情况下是非常必要的，能够克服仅利用现场退化数据预测剩余贮存寿命时准确度与可信度不高的缺陷，为产品贮存寿命的融合预测提供了有益参考和借鉴；利用随机参数的共轭先验分布函数可描述个体退化间的差异性，EM 算法提供了一种估计共轭先验分布函数超参数值的有效手段。

5）加速应力可靠性试验的一致性验证方面：设计了加速应力可靠性试验中模型及可靠性评定结果的验证流程，结合 Wiener - Arrhenius 加速退化模型构建了具体的验证技术框架，通过实例应用展现了技术框架的可行性与有效性，为解决加速退化试验中的验证难题做出了有益的探索，所设计的验证技术流程及各种定量验证方法具有一定的理论价值。

6.2　发展展望

退化失效型产品的加速应力可靠性试验方法，在近 20 年才逐步发展起来，目前为止很多理论和方法并不完善。虽然本书对基于加速老化数据的寿命预测方法进行了有益的探索并取得了一些研究成果，但仍有不少问题需要进一步深入研究和解决。

（1）基于失效物理的加速退化建模方法

由于试验保障能力、研究时间等各方面的限制，本书未能针对某型弹载失效型产品的失效物理过程进行深入研究，只是基于数据拟合优劣进行性能退化建模及加速退化建模，并在此基础上建立了方案优化设计方法、可靠性评定方法、评定结果一致性验证方法，这些方法虽然在工程应用方面具有较好的适用性与易用性，但是未能彻底掌握具体产品的失效物理过程。为了更好地为改进产品设计、提高可靠性提供支持，需要深入研究基于失效物理过程的加速退化建模方法。

（2）非恒定贮存环境下的可靠性评定

加速应力可靠性试验主要用于外推出产品在恒定贮存/工作环境下的可靠性指标，对于一些处于非恒定贮存/工作环境下的产品，目前通常采用平均环境应力描述非恒定环境应力对产品寿命的综合影响，一种更为合理与准确的方法应该是将非恒定环境作为协变量融入到可靠性模型中，这部分的研究内容应该是可靠性工程领域在未来的研究重点。

（3）多元退化失效产品的可靠性试验技术

多元退化失效产品的可靠性试验技术尚存在较多难点，然而作者的能力水平及研究时间有限，文中只是对基于多元加速退化数据统计分析的可靠性评定方法开展了研究工作，多元退化失效产品的加速应力可靠性试验优化设计方法及评定结果一致性验证方法值得进一步深入研究。

参 考 文 献

［1］ 周堃，钱翰博，周漪，等．导弹非金属薄弱环节贮存寿命快速评估［J］．装备环境工程，2014，11 (6)：148 – 152.

［2］ 谭汉清，王在铎．海军战术导弹可靠性试验工程实践［J］．强度与环境，2016，43（1）：49 – 53.

［3］ 张弛，周芳，胡绍华，等．海军战术导弹武器系统可靠性试验技术分析及发展建议［J］．装备环境工程，2017，14（7）：83 – 86.

［4］ 刘雪峰，李新俊，张仕念，等．延长导弹贮存期提高贮存可靠度的基本途径［J］．电子产品可靠性与环境试验，2009，27（S1）：186 – 189.

［5］ 王益民，颜小鹏．加速可靠性试验技术研究［J］．机车电传动，2011（4）：52 – 54.

［6］ 吕明春，陈循，张春华．关于加速可靠性试验技术的探讨［J］．质量与可靠性，2007（4）：20 – 23.

［7］ 赵长见，洪东跑，管飞，等．飞行器火工品加速贮存寿命试验与评估方法［J］．含能材料，2015，23 (11)：1130 – 1134.

［8］ 王海斗，康嘉杰，濮春秋，等．表面涂层加速寿命试验技术［M］．北京：人民邮电出版社，2011.

［9］ KLYATIS L M. Accelerated Reliability and Durability Testing Technology［M］. New York：John Wiley & Sons，2012.

［10］ 陈循，张春华．加速试验技术的研究、应用与发展［J］．机械工程学报，2009，45（8）：130 – 136.

［11］ MOHAMMADIAN S H，A T - KADI D，ROUTHIER F. Quantitative accelerated degradation testing：Practical approaches［J］. Reliability Engineering & System Safety，2010，95（2）：149 – 159.

［12］ 华小方，夏丽佳．文献共被引下可靠性试验技术的可视化分析［J］．电子产品可靠性与环境试验，2016，34（4）：56 – 61.

［13］ 徐廷学，王浩伟，张磊．恒定应力加速退化试验中避免伪寿命分布误指定的一种建模方法［J］．兵工学报，2014，35（12）：2098 – 2103.

［14］ 肖坤，顾晓辉，彭琛．基于恒定应力加速退化试验的某引信用 O 型橡胶密封圈可靠性评估［J］．机械工程学报，2014，50（16）：62 – 69.

［15］ 吴兆希，李晓红，邓永芳，等．恒定温度应力下的模拟 IC 加速退化试验研究［J］．电子产品可靠性与环境试验，2016，34（3）：45 – 48.

［16］ ZHANG J，LI W，CHENG G，et al. Life prediction of OLED for constant - stress accelerated degradation tests using luminance decaying model［J］. Journal of Luminescence，2014，154：491 – 495.

［17］ YAO J，XU M，ZHONG W. Research of Step - down Stress Accelerated Degradation Data Assessment Method of a Certain Type of Missile Tank［J］. Chinese Journal of Aeronautics，2012，25（6）：917 – 924.

［18］ WANG Y，CHEN X，TAN Y. Optimal Design of Step - stress Accelerated Degradation Test with Multiple Stresses and Multiple Degradation Measures［J］. Quality and Reliability Engineering International，2017，33（8）：1655 – 1668.

［19］ WANG H，WANG G - J，DUAN F - J. Planning of step - stress accelerated degradation test baed on the inverse Gaussian process [J]. Reliability Engineering & System Safety, 2016, 154: 97 - 105.

[20] LIAO C M, TSENG S T. Optimal design for step - stress accelerated degradation tests [J]. IEEE Transactions on Reliability, 2006, 55 (1): 59 - 66.

[21] FARD N, LI C. Optimal simple step stress accelerated life test design for reliability prediction [J]. Journal of Statistical Planning and Inference, 2009, 139 (5): 1799 - 1808.

[22] PENG C Y, TSENG S T. Progressive - stress accelerated degradation test for highly - reliable products [J]. IEEE Transactions on Reliability, 2010, 59 (1): 30 - 37.

[23] ZHANG X P, SHANG J Z, CHEN X, et al. Statistical Inference of Accelerated Life Testing With Dependent Competing Failures Based on Copula Theory [J]. IEEE Transactions on Reliability, 2014, 63 (3): 764 - 780.

[24] POHL E, HERMANNS R T E. Physical model based on reliability analysis for accelerated life testing of a fuel supply system [J]. Fuel, 2016, 182: 340 - 351.

[25] CHEN N, TANG Y, YE Z - S. Robust Quantile Analysis for Accelerated Life Test Data [J]. IEEE Transactions on Reliability, 2016, 65 (2): 901 - 913.

[26] BALAKRISHNAN N, LING M H. Expectation maximization algorithm for one shot device accelerated life testing with Weibull lifetimes, and variable parameters over stress [J]. IEEE Transactions on Reliability, 2013, 62 (2): 537 - 551.

[27] CHEN P, XU A, YE Z - S. Generalized Fiducial Inference for Accelerated Life Tests With Weibull Distribution and Progressively Type - II Censoring [J]. IEEE Transactions on Reliability, 2016, 65 (4): 1737 - 1744.

[28] 陈津虎,朱曦全,胡彦平,等. 航天电子产品加速贮存试验技术综述 [J]. 强度与环境, 2015, 42 (5): 11 - 18.

[29] SANTINI T, MORAND S, FOULADIRAD M, et al. Accelerated degradation data of SiC MOSFETs for lifetime and remaining useful life assessment [J]. Microelectronics Reliability, 2014, 54 (9 - 10): 1718 - 1723.

[30] PARK J I, BAE S J. Direct prediction methods on lifetime distribution of organic light - emitting diodes from accelerated degradation tests [J]. IEEE Transactions on Reliability, 2010, 59 (1): 74 - 90.

[31] LIU L, LI X Y, ZIO E, et al. Model uncertainty in accelerated degradation testing analysis [J]. IEEE Transactions on Reliability, 2017, 66 (3): 603 - 605.

[32] LING M H, TSUI K L, BALAKRISHNAN N. Accelerated degradation analysis for the quality of a system based on the Gamma process [J]. IEEE Transactions on Reliability, 2015, 64 (1): 463 - 472.

[33] LIAO H, ELSAYED E A. Reliability inference for field conditions from accelerated degradation testing [J]. Naval Research Logistics, 2006, 53 (6): 576 - 587.

[34] 罗庚,谢宇,赵伟庆,等. 弹载机电产品贮存环境试验最小试验样本量设计 [J]. 电光与控制, 2017, 24 (8): 66 - 70.

[35] 潘正强. 加速应力下二元退化可靠性建模及其试验设计方法 [D]. 长沙:国防科学技术大学, 2011.

[36] TSAI C - C, LIN C - T. Optimal Selection of the Most Reliable Design Based on Gamma Degradation Processes [J]. Communications in Statistics - Theory and Methods, 2014, 43 (10 - 12): 2419 - 2428.

[37]　HAN D. Time and cost constrained optimal designs of constant – stress and step – stress accelerated life tests [J]. Reliability Engineering & System Safety, 2015, 140: 1 – 14.

[38]　汪亚顺, 张春华, 陈循. 步降应力加速寿命试验（续篇）：优化设计篇 [J]. 兵工学报, 2007, 28 (6): 686 – 91.

[39]　罗庚, 穆希辉, 牛跃听, 等. 小子样条件下某型加速度计步降加速寿命试验优化设计 [J]. 中国惯性技术学报, 2015, 23 (5): 696 – 700.

[40]　SRIVASTAVA P W, MITTAL N. Optimum step – stress partially accelerated life tests for the truncated logistic distribution with censoring [J]. Applied Mathematical Modelling, 2010, 34 (10): 3166 – 3178.

[41]　ZHANG Y, MEEKER W Q. Bayesian life test planning for the Weibull distribution with given shape parameter [J]. Metrika, 2005, 61 (3): 237 – 249.

[42]　ALMALKI S J, NADARAJAH S. Modifications of the Weibull distribution: A review [J]. Reliability Engineering & System Safety, 2014, 124: 32 – 55.

[43]　ZHANG Q, HUA C, XU G. A mixture Weibull proportional hazard model for mechanical system failure prediction utilizing lifetime and monitoring data [J]. Mechanical Systems and Signal Processing, 2014, 43 (1 – 2): 103 – 112.

[44]　PASCUAL F G, MONTEPIEDRA G. Lognormal and Weibull Accelerated Life Test Plans Under Distribution Misspecification [J]. IEEE Transactions on Reliability, 2005, 54 (1): 43 – 52.

[45]　谭秀峰, 谢里阳, 马洪义, 等. 基于 Log – Normal 分布的多部位疲劳结构的疲劳寿命预测方法 [J]. 航空学报, 2017, 38 (2): 171 – 177.

[46]　WANG B. Unbiased estimations for the exponential distribution based on step – stress accelerated life – testing data [J]. Applied Mathematics and Computation, 2006, 173 (2): 1227 – 1237.

[47]　NADARAJAH S, HAGHIGHI F. An extension of the exponential distribution [J]. Statistics, 2011, 45 (6): 543 – 558.

[48]　BARRETO – SOUZA W, CRIBARI – NETO F. A generalization of the exponential – Poisson distribution [J]. Statistics & Probability Letters, 2009, 79 (24): 2493 – 2500.

[49]　YU H – F. Mis – specification analysis between normal and extreme value distributions for a screening experiment [J]. Computers & Industrial Engineering, 2009, 56 (4): 1657 – 1667.

[50]　GAO L, CHEN W, QIAN P, et al. Optimal Time – Censored Constant – Stress ALT Plan Based on Chord of Nonlinear Stress – Life Relationship [J]. IEEE Transactions on Reliability, 2016, 65 (3): 1496 – 1508.

[51]　王尧. LED 照明灯具电-热应力加速寿命预测方法的研究 [D]. 长春：中国科学院长春光学精密机械与物理研究所, 2017.

[52]　ESCOBAR L A, MEEKER W Q. A Review of Accelerated Test Models [J]. Statistical Science, 2006, 21 (4): 552 – 577.

[53]　MARZIO M, ZIO E, CIPOLLONE M. Designing optimal degradation tests via multi – objective genetic algorithms [J]. Reliability Engineering & System Safety, 2003, 79 (1): 87 – 94.

[54]　陈文华, 刘俊俊, 潘骏, 等. 步进应力加速寿命试验方案优化设计理论与方法 [J]. 机械工程学报, 2010, 42 (10): 182 – 187.

[55]　周洁, 姚军, 苏泉, 等. 综合应力加速贮存试验方案优化设计 [J]. 航空学报, 2015, 36 (4): 1202 – 1211.

［56］ LIM H. Optimum accelerated degradation tests for the Gamma degradation process case under the constraint of total cost ［J］. Entropy, 2015, 17 (5): 2556 – 2572.

［57］ HU C – H, LEE M – Y, TANG J. Optimum step – stress accelerated degradation test for Wiener degradation process under constraints ［J］. European Journal of Operational Research, 2015, 241 (2): 412 – 421.

［58］ LI X, HU Y, ZIO E, et al. A Bayesian optimal design for accelerated degradation testing based on the Inverse Gaussian process ［J］. IEEE Access, 2017, 5: 5690 – 5701.

［59］ LI X, HU Y, SUN F, et al. A Bayesian Optimal Design for Sequential Accelerated Degradation Testing ［J］. Entropy, 2017, 19 (7): 325 – 333.

［60］ TSAI T – R, SUNG W – Y, LIO Y L, et al. Optimal Two – Variable Accelerated Degradation Test Plan for Gamma Degradation Processes ［J］. IEEE Transactions on Reliability, 2016, 65 (1): 459 – 468.

［61］ TSAI C C, TSENG S T, BALAKRISHNAN N. Optimal design for degradation tests based on Gamma processes with random effects ［J］. IEEE Transactions on Reliability, 2012, 61 (2): 604 – 613.

［62］ XIAO X, YE Z. Optimal Design for Destructive Degradation Tests With Random Initial Degradation Values Using the Wiener Process ［J］. IEEE Transactions on Reliability, 2016, 65 (3): 1327 – 1342.

［63］ WANG L, PAN R, LI X, et al. A Bayesian reliability evaluation method with integrated accelerated degradation testing and field information ［J］. Reliability Engineering & System Safety, 2013, 112: 38 – 47.

［64］ PARK C, PADGETT W J. Stochastic Degradation Models With Several Accelerating Variables ［J］. IEEE Transactions on Reliability, 2006, 55 (2): 379 – 390.

［65］ PARK C, PADGETT W J. Accelerated degradation models for failure based on geometric brownian motion and Gamma processes ［J］. Lifetime data analysis, 2005, 11: 511 – 527.

［66］ WANG X. Wiener processes with random effects for degradation data ［J］. Journal of Multivariate Analysis, 2010, 101 (2): 340 – 351.

［67］ LI J, WANG Z, LIU X, et al. A Wiener process model for accelerated degradation analysis considering measurement errors ［J］. Microelectronics Reliability, 2016, 65: 8 – 15.

［68］ WHITMORE G A, SCHENKELBERG F. Modelling Accelerated Degradation Data Using Wiener Diffusion With A Time Scale Transformation ［J］. Lifetime data analysis, 1996, 3: 27 – 45.

［69］ Padgett W J, Tomlinson M A. Inference from accelerated degradation and failure data based on Gaussian process models ［J］. Lifetime Data Analysis, 2004, 10: 191 – 206.

［70］ PAN Z, BALAKRISHNAN N. Multiple – Steps Step – Stress Accelerated Degradation Modeling Based on Wiener and Gamma Processes ［J］. Communications in Statistics – Simulation and Computation, 2010, 39 (7): 1384 – 1402.

［71］ TSENG S T, BALAKRISHNAN N, TSAI C C. Optimal step – stress accelerated degradation test plan for Gamma degradation process ［J］. IEEE Transactions on Reliability, 2009, 58 (4): 611 – 618.

［72］ WANG X. Nonparametric estimation of the shape function in a Gamma process for degradation data ［J］. The Canadian Journal of Statistics, 2009, 37: 102 – 118.

［73］ LAWLESS J F, CROWDER M J. Covariates and random effects in a Gamma process model with application to degradation and failure ［J］. Lifetime data analysis, 2004, 10: 213 – 227.

[74] 李烁，陈震，潘尔顺. 广义逆高斯过程的步进应力加速退化试验设计 [J]. 上海交通大学学报，2017，51（2）：186 - 192.

[75] 葛蒸蒸，姜同敏，韩少华，等. 基于 D 优化的多应力加速退化试验设计 [J]. 系统工程与电子技术，2012，34（4）：846 - 853.

[76] MEEKER W Q，ESCOBAR L A. Statistical methods for reliability data [M]. New York：John Wiley & Sons，1998.

[77] 周源泉. 可靠性工程的若干方向 [J]. 强度与环境，2005，32（3）：33 - 38.

[78] 马小兵，杨力. 贮存可用度约束下的可修系统寿命评估与优化 [J]. 系统工程与电子技术，2015，37（3）：572 - 576.

[79] KHOSRAVI F，GLAS M，TEICH J. Automatic Reliability Analysis in the Presence of Probabilistic Common Cause Failures [J]. IEEE Transactions on Reliability，2017，66（2）：319 - 338.

[80] KOO H - J，KIM Y - K. Reliability assessment of seat belt webbings through accelerated life testing [J]. Polymer Testing，2005，24（3）：309 - 315.

[81] CHEN P，YE Z - S. Estimation of Field Reliability Based on Aggregate Lifetime Data [J]. Technometrics，2017，59（1）：115 - 125.

[82] XIE M，LAI C D. Reliability analysis using an additive Weibull model with bathtub - shaped failure rate function [J]. Reliability Engineering & System Safety，1995，52：87 - 93.

[83] CORDEIRO G M，LEMONTE A J. The exponential generalized Birnbaum - Saunders distribution [J]. Applied Mathematics and Computation，2014，247：762 - 779.

[84] LEMONTE A J. A new exponential - type distribution with constant，decreasing，increasing，upside - down bathtub and bathtub - shaped failure rate function [J]. Computational Statistics & Data Analysis，2013，62：149 - 170.

[85] FREITAG S，BEER M，GRAF W，et al. Lifetime prediction using accelerated test data and neural networks [J]. Computers & Structures，2009，87（19 - 20）：1187 - 1194.

[86] ZHENG X，FANG H. An integrated unscented kalman filter and relevance vector regression approach for lithium - ion battery remaining useful life and short - term capacity prediction [J]. Reliability Engineering & System Safety，2015，144：74 - 82.

[87] WANG Z，HU C，WANG W，et al. A case study of remaining storage life prediction using stochastic filtering with the influence of condition monitoring [J]. Reliability Engineering & System Safety，2014，132：186 - 195.

[88] ELSAYED E A. Reliability Engineering [M]. New York：John Wiley & Sons，2012.

[89] CHENG Y，ELSAYED E A. Reliability Modeling and Prediction of Systems With Mixture of Units [J]. IEEE Transactions on Reliability，2016，65（2）：914 - 928.

[90] HONG Y，MEEKER W Q. Field - Failure Predictions Based on Failure - Time Data With Dynamic Covariate Information [J]. Technometrics，2013，55（2）：135 - 149.

[91] KALBFLEISCH J D，PRENTICE R L. The Statistical Analysis of Failure Time Data [M]. New York：John Wiley & Sons，2002.

[92] WILLIAMS J G，POHL E A. Missile reliability analysis with censored data [C] // Annual Reliability & Maintainability Symposium. Philadelphia：IEEE，1997：122 - 130.

[93] SANTOS T R D，GAMERMAN D，FRANCO G D C. Reliability Analysis via Non - Gaussian State - Space Models [J]. IEEE Transactions on Reliability，2017，66（2）：309 - 318.

［94］ 刘强．基于失效物理的性能可靠性技术及应用研究［D］．长沙：国防科学技术大学，2011．

［95］ 王世娇，陈文华，钱萍，等．航天电连接器的可靠性设计建模［J］．机械工程学报，2017，53（10）：180-186．

［96］ SI X-S，ZHOU D．A Generalized Result for Degradation Model-Based Reliability Estimation［J］．IEEE Transactions on Automation Science and Engineering，2014，11（2）：632-637．

［97］ SI X-S，WANG W，HU C-H，et al．Remaining useful life estimation - A review on the statistical data driven approaches［J］．European Journal of Operational Research，2011，213（1）：1-14．

［98］ SI X-S，WANG W，CHEN M-Y，et al．A degradation path-dependent approach for remaining useful life estimation with an exact and closed-form solution［J］．European Journal of Operational Research，2013，226（1）：53-66．

［99］ 冯玎，林圣，张奥，等．基于连续时间马尔可夫退化过程的牵引供电设备可靠性预测方法研究［J］．中国电机工程学报，2017，37（7）：1937-1945．

［100］ JIN G，MATTHEWS D，FAN Y，et al．Physics of failure-based degradation modeling and lifetime prediction of the momentum wheel in a dynamic covariate environment［J］．Engineering Failure Analysis，2013，28：222-240．

［101］ 王浩伟，徐廷学，赵建忠．基于性能退化分析的电连接器可靠性评估［J］．计算机工程与科学，2015，37（3）：616-620．

［102］ 潘骏，刘红杰，陈文华，等．基于步进加速退化试验的航天电连接器接触可靠性评估［J］．中国机械工程，2011，22（10）：1197-1200．

［103］ 王浩伟，奚文骏，赵建印，等．加速应力下基于退化量分布的可靠性评估方法［J］．系统工程与电子技术，2016，38（1）：239-244．

［104］ NELSON W B．Accelerated testing：statistical models，test plans and data analysis［M］．New York：John Wiley & Sons，2004．

［105］ JIANG L，FENG Q，COIT D W．Modeling zoned shock effects on stochastic degradation in dependent failure processes［J］．IIE Transactions，2015，47（5）：460-470．

［106］ BIAN L，GEBRAEEL N．Stochastic modeling and real-time prognostics for multi-component systems with degradation rate interactions［J］．IIE Transactions，2014，46（5）：470-482．

［107］ WANG X．Semiparametric inference on a class of Wiener processes［J］．Journal of Time Series Analysis，2009，30（2）：179-207．

［108］ LIN K，CHEN Y，XU D．Reliability assessment model considering heterogeneous population in a multiple stresses accelerated test［J］．Reliability Engineering & System Safety，2017，165：134-143．

［109］ 骆燕燕，王振，李晓宁，等．电连接器热循环加速试验与失效分析研究［J］．兵工学报，2014，35（11）：1908-1913．

［110］ 骆燕燕，蔡明，于长潮，等．振动对电连接器接触性能退化的影响［J］．航空学报，2017，38（8）：113-124．

［111］ YANG Z，CHEN Y X，LI Y F，et al．Smart electricity meter reliability prediction based on accelerated degradation testing and modeling［J］．International Journal of Electrical Power & Energy Systems，2014，56：209-219．

［112］ MAKDESSI M，SARI A，VENET P，et al．Accelerated ageing of metallized film capacitors under high ripple currents combined with a DC voltage［J］．IEEE Transactions on Power Electronics，

2015, 30 (5): 2435 - 2444.

[113] QI Y, LAM R, GHORBANI H R, et al. Temperature profile effects in accelerated thermal cycling of SnPb and Pb - free solder joints [J]. Microelectronics Reliability, 2006, 46 (2 - 4): 574 - 588.

[114] SUN Q, TANG Y, FENG J, et al. Reliability Assessment of Metallized Film Capacitors using Reduced Degradation Test Sample [J]. Quality and Reliability Engineering International, 2013, 29 (2): 259 - 265.

[115] 王浩伟, 滕克难. 基于加速退化数据的可靠性评估技术综述 [J]. 系统工程与电子技术, 2017, 39 (12): 2877 - 2885.

[116] 周绍华, 胡昌华, 司小胜, 等. 融合非线性加速退化模型与失效率模型的产品寿命预测方法 [J]. 电子学报, 2017, 45 (5): 1084 - 1089.

[117] 滕飞, 王浩伟, 陈瑜, 等. 加速度计加速退化数据统计分析方法 [J]. 中国惯性技术学报, 2017, 25 (2): 275 - 280.

[118] 郭建英, 孙永全, 于春雨, 等. 复杂机电系统可靠性预测的若干理论与方法 [J]. 机械工程学报, 2014, 50 (14): 1 - 13.

[119] 贾利民, 林帅. 系统可靠性方法研究现状与展望 [J]. 系统工程与电子技术, 2015, 37 (12): 2887 - 2893.

[120] 张海瑞, 洪东跑, 赵宇, 等. 基于变动统计的复杂系统可靠性综合评估 [J]. 系统工程与电子技术, 2015, 37 (5): 1213 - 1218.

[121] 罗湘勇, 黄小凯. 基于多机理竞争退化的导弹贮存可靠性分析 [J]. 北京航空航天大学学报, 2013, 39 (5): 701 - 705.

[122] 潘骏, 王小云, 陈文华, 等. 基于多元性能参数的加速退化试验方案优化设计研究 [J]. 机械工程学报, 2012, 48 (2): 30 - 35.

[123] PAN Z, BALAKRISHNAN N, SUN Q, et al. Bivariate degradation analysis of products based on Wiener processes and copulas [J]. Journal of Statistical Computation and Simulation, 2013, 83 (7): 1316 - 1329.

[124] 张建勋, 胡昌华, 周志杰, 等. 多退化变量下基于 Copula 函数的陀螺仪剩余寿命预测方法 [J]. 航空学报, 2014, 35 (4): 1111 - 1121.

[125] PAN Z, BALAKRISHNAN N, SUN Q. Bivariate Constant - Stress Accelerated Degradation Model and Inference [J]. Communications in Statistics - Simulation and Computation, 2011, 40 (2): 247 - 257.

[126] PAN Z, BALAKRISHNAN N. Reliability modeling of degradation of products with multiple performance characteristics based on gamma processes [J]. Reliability Engineering & System Safety, 2011, 96 (8): 949 - 957.

[127] LUO W, ZHANG C - H, CHEN X, et al. Accelerated reliability demonstration under competing failure modes [J]. Reliability Engineering & System Safety, 2015, 136: 75 - 84.

[128] LEI J, QIANMEI F, COIT D W. Reliability and Maintenance Modeling for Dependent Competing Failure Processes With Shifting Failure Thresholds [J]. IEEE Transactions on Reliability, 2012, 61 (4): 932 - 948.

[129] RAFIEE K, FENG Q, COIT D W. Reliability modeling for dependent competing failure processes with changing degradation rate [J]. IIE Transactions, 2014, 46 (5): 483 - 496.

[130] FAN M, ZENG Z, ZIO E, et al. Modeling dependent competing failure processes with degradation -

shock dependence [J]. Reliability Engineering & System Safety, 2017, 165: 422 – 430.

[131] ZHANG C, SHI Y, BAI X, et al. Inference for Constant – Stress Accelerated Life Tests With Dependent Competing Risks From Bivariate Birnbaum – Saunders Distribution Based on Adaptive Progressively Hybrid Censoring [J]. IEEE Transactions on Reliability, 2017, 66 (1): 111 – 122.

[132] 潘刚, 尚朝轩, 梁玉英, 等. 相关竞争失效场合雷达功率放大系统可靠性评估 [J]. 电子学报, 2017, 45 (4): 805 – 812.

[133] ZHANG J, MA X, ZHAO Y. A Stress – Strength Time – Varying Correlation Interference Model for Structural Reliability Analysis Using Copulas [J]. IEEE Transactions on Reliability, 2017, 66 (2): 351 – 365.

[134] NTZOUFRAS I. Bayesian modeling using WINBUGS [M]. New York: John Wiley & Sons, 2011.

[135] GEBRAEEL N Z, LAWLEY M A, LI R, et al. Residual – life distributions from component degradation signals: A Bayesian approach [J]. IIE Transactions, 2005, 37 (6): 543 – 557.

[136] WANG H – W, XU T – X, WANG W – Y. Remaining Life Prediction Based on Wiener Processes with ADT Prior Information [J]. Quality and Reliability Engineering International, 2016, 32 (3): 753 – 765.

[137] 王浩伟, 徐廷学, 赵建忠. 融合加速退化和现场实测退化数据的剩余寿命预测方法 [J]. 航空学报, 2014, 35 (12): 3350 – 3357.

[138] WANG L, PAN R, WANG X, et al. A Bayesian reliability evaluation method with different types of data from multiple sources [J]. Reliability Engineering & System Safety, 2017, 167: 128 – 135.

[139] KARANDIKAR J M, KIM N H, SCHMITZ T L. Prediction of remaining useful life for fatigue – damaged structures using Bayesian inference [J]. Engineering Fracture Mechanics, 2012, 96: 588 – 605.

[140] PENG W, LI Y – F, YANG Y – J, et al. Bayesian Degradation Analysis With Inverse Gaussian Process Models Under Time – Varying Degradation Rates [J]. IEEE Transactions on Reliability, 2017, 66 (1): 84 – 96.

[141] PENG W, LI Y – F, YANG Y – J, et al. Inverse Gaussian process models for degradation analysis: a Bayesian perspective [J]. Reliability Engineering & System Safety, 2014, 130: 175 – 189.

[142] PENG W, LI Y, MI J, et al. Reliability of complex systems under dynamic conditions: A Bayesian multivariate degradation perspective [J]. Reliability Engineering & System Safety, 2016, 153: 75 – 87.

[143] PENG W, HUANG H – Z, XIE M, et al. A Bayesian Approach for System Reliability Analysis with Multilevel Pass – Fail, Lifetime and Degradation data sets [J]. IEEE Transactions on Reliability, 2013, 62 (3): 689 – 699.

[144] GUAN Q, TANG Y, XU A. Objective Bayesian analysis accelerated degradation test based on Wiener process models [J]. Applied Mathematical Modelling, 2016, 40 (4): 2743 – 2755.

[145] GEBRAEEL N, PAN J. Prognostic degradation models for computing and updating residual life distributions in a time – varying environment [J]. IEEE Transactions on Reliability, 2008, 57 (4): 539 – 550.

[146] LIAO H, TIAN Z. A framework for predicting the remaining useful life of a single unit under time – varying operating conditions [J]. IE Transactions, 2013, 45 (9): 964 – 980.

[147] 徐廷学, 王浩伟, 张鑫. EM算法在Wiener过程随机参数的超参数值估计中的应用 [J]. 系统工程

与电子技术，2015，37（3）：702 - 712.

[148] 王浩伟，滕克难，奚文骏. 基于随机参数逆高斯过程的加速退化建模方法［J］. 北京航空航天大学学报，2016，42（9）：1843 - 1850.

[149] 周源泉，李宝盛，丁为航，等. 统计预测引论［M］. 北京：科学出版社，2017.

[150] PENG C Y. Inverse Gaussian processes with random effects and explanatory variables for degradation data［J］. Technometrics，2015，57（1）：100 - 111.

[151] YE Z S，CHEN N. The Inverse Gaussian process as degradation model［J］. Technometrics，2014，56（3）：302 - 311.

[152] CHEN P，YE Z - S. Random Effects Models for Aggregate Lifetime Data［J］. IEEE Transactions on Reliability，2017，66（1）：76 - 83.

[153] BALAKRISHNAN N，LING M H. EM algorithm for one - shot device testing under the exponential distribution［J］. Computational Statistics & Data Analysis，2012，56（3）：502 - 509.

[154] SHI Y，MEEKER W Q. Bayesian methods for accelerated destructive degradation test planning［J］. IEEE Transactions on Reliability，2012，61（1）：245 - 253.

[155] WANG H W，TENG K N. Residual life prediction for highly reliable products with prior accelerated degradation data［J］. EKSPLOATACJA I NIEZAWODNOSC - Maintenance and Reliability，2016，18（3）：379 - 389.

[156] KELLY D，SMITH C. Bayesian inference for probabilistic risk assessment［M］. London：Springer，2011.

[157] 周源泉，翁朝曦，叶喜涛. 论加速系数与失效机理不变的条件（Ⅰ）—寿命型随机变量的情况［J］. 系统工程与电子技术，1996，18（1）：55 - 67.

[158] 周源泉，翁朝曦. Gamma 分布环境因子的统计推断［J］. 系统工程与电子技术，1995，17（12）：61 - 71.

[159] 周源泉，翁朝曦. 对数正态分布环境因子的统计推断［J］. 系统工程与电子技术，1996，18（10）：73 - 80.

[160] 马小兵，王晋忠，赵宇. 基于伪寿命分布的退化数据可靠性评估方法［J］. 系统工程与电子技术，2011，33（1）：228 - 232.

[161] 林逢春，王前程，陈云霞，等. 基于伪寿命的加速退化机理一致性边界检验［J］. 北京航空航天大学学报，2012，38（2）：233 - 238.

[162] 郭春生，万宁，马卫东，等. 恒定温度应力加速实验失效机理一致性快速判别方法［J］. 物理学报，2013，62（06）：478 - 482.

[163] COOPER M S. Investigation of Arrhenius acceleration factor for integrated circuit early life failure region with several failure mechanisms［J］. IEEE Transactions on Components and Packaging Technologies，2005，28（3）：561 - 563.

[164] LU X，CHEN X，WANG Y，et al. Consistency analysis of degradation mechanism in step - stress accelerated degradation testing［J］. Eksploatacja i Niezawodnosc - Maintenance and Reliability，2017，19（2）：302 - 309.

[165] 冯静. 基于秩相关系数的加速贮存退化失效机理一致性检验［J］. 航空动力学报，2011，26（11）：2439 - 2444.

[166] 姚军，王欢，苏泉. 基于灰色理论的失效机理一致性检验方法［J］. 北京航空航天大学学报，2013，39（6）：734 - 738.

[167] 李晓刚，王亚辉. 利用非等距灰色理论方法判定失效机理一致性 [J]. 北京航空航天大学学报，2014，40（7）：899 - 904.

[168] 奚文骏，王浩伟，王瑞奇. 基于加速系数不变原则的失效机理一致性判别 [J]. 北京航空航天大学学报，2015，41（12）：2198 - 2204.

[169] 王浩伟，徐廷学，王伟亚. 基于退化模型的失效机理一致性检验方法 [J]. 航空学报，2015，36（3）：889 - 897.

[170] AO D, HU Z, MAHADEVAN S. Design of validation experiments for life prediction models [J]. Reliability Engineering & System Safety, 2017, 165: 22 - 33.

[171] LING Y, MAHADEVAN S. Quantitative model validation techniques: New insights [J]. Reliability Engineering & System Safety, 2013, 111: 217 - 231.

[172] WANG Z - Q, WANG W, HU C - H, et al. A Prognostic - Information - Based Order - Replacement Policy for a Non - Repairable Critical System in Service [J]. IEEE Transactions on Reliability, 2015, 64 (2): 721 - 735.

[173] WANG Z - Q, HU C - H, WANG W, et al. An Additive Wiener Process - Based Prognostic Model for Hybrid Deteriorating Systems [J]. IEEE Transactions on Reliability, 2014, 63 (1): 208 - 222.

[174] WANG H W, XU T X, MI Q L. Lifetime prediction based on Gamma processes from accelerated degradation data [J]. Chinese Journal of Aeronautics, 2015, 28 (1): 172 - 179.

[175] WHITMORE G A, CROWDER M J, LAWLESS J F. Failure inference from a marker process based on a bivariate Wiener model [J]. Lifetime Data Analysis, 1998, 4: 229 - 251.

[176] 许丹，陈志军，王前程，等. 基于空间相似性和波动阈值的退化模型一致性检验方法 [J]. 系统工程与电子技术，2015，37（2）：455 - 459.

[177] 张仕念，孟涛，张国彬，等. 从民兵导弹看性能改进在导弹武器贮存延寿中的作用 [J]. 导弹与航天运载技术，2012，（1）：58 - 61.

[178] 洪亮，杨志宏，崔旭涛. 海军导弹环境试验标准体系研究 [J]. 装备环境工程，2015，12（6）：65 - 69.

[179] 马小兵，章健淳，赵宇. 基于相关性分析的结构可靠性加严试验方法 [J]. 北京航空航天大学学报，2017，43（6）：1080 - 1084.

[180] 肖志斌，王家鑫，杨学印，等. 舰载导弹装备可靠性及贮存试验验证体系研究 [J]. 强度与环境，2016，43（3）：52 - 58.

[181] LI M, ZHANG W, HU Q, et al. Design and Risk Evaluation of Reliability Demonstration Test for Hierarchical Systems With Multilevel Information Aggregation [J]. IEEE Transactions on Reliability, 2017, 66 (1): 135 - 147.

[182] LI Z, MOBIN M, KEYSER T. Multi - Objective and Multi - Stage Reliability Growth Planning in Early Product - Development Stage [J]. IEEE Transactions on Reliability, 2016, 65 (2): 769 - 781.

[183] 袁宏杰，姚军，李志强. 振动、冲击环境与试验 [M]. 北京：北京航空航天大学出版社，2017.

[184] 李大伟，阮旻智，尤焜. 基于可靠性增长的武器系统可靠性鉴定试验方案研究 [J]. 兵工学报，2017，38（9）：1815 - 1821.

[185] 王继利. 基于可靠性分配与预计的高速精密冲压机床可靠性增长设计 [D]. 吉林：吉林大学，2014.

[186] 郭建英，孙永全，于晓洋. 可靠性增长技术发展动态诠释 [J]. 哈尔滨理工大学学报，2011，16（2）：1 - 9.

[187] 周鹏斌，马喜宏，李建军，等. 弹载惯性仪表的可靠性强化试验 [J]. 探测与控制学报，2010，32 (4)：69 - 72.

[188] 罗巍. 基于加速试验的可靠性验证理论与方法研究 [D]. 长沙：国防科学技术大学，2013.

[189] 张志华，田艳梅，郭尚峰. 指数型产品可靠性验收试验方案研究 [J]. 系统工程与电子技术，2005，27 (4)：753 - 756.

[190] 谢里阳. 机械可靠性理论、方法及模型中若干问题评述 [J]. 机械工程学报，2014，50 (14)：28 - 35.

[191] GAVER D P，JACOBS P A. Testing or fault - finding for reliability growth：A missile destructive - test example [J]. Naval Research Logistics，2015，44 (7)：623 - 637.

[192] 中国人民解放军总装备部. GJB 899A — 2009，可靠性鉴定和验收试验 [S]. 北京：中国人民解放军总装备部，2009.

[193] 刘海涛，张志华，董理. 成败型产品可靠性的 Bayes 验收方案研究 [J]. 兵工学报，2016，37 (3)：565 - 569.

[194] NELSEN W. Analysis of Performance - Degradation Data from Accelerated Tests [J]. IEEE Transactions on Reliability，1981，30 (2)：149 - 155.

[195] 张瑞. 弹载存储测试系统的可靠性研究 [D]. 太原：中北大学，2017.

[196] 申争光，苑景春，董静宇，等. 弹上设备加速寿命试验中加速因子估计方法 [J]. 系统工程与电子技术，2015，37 (8)：1948 - 1952.

[197] JAKOB F，KIMMELMANN M，BERTSCHE B. Selection of Acceleration Models for Test Planning and Model Usage [J]. IEEE Transactions on Reliability，2017，66 (2)：298 - 308.

[198] TENCER M，MOSS J S，ZAPACH T. Arrhenius Average Temperature：The Effective Temperature for Non - Fatigue Wearout and Long Term Reliability in Variable Thermal Conditions and Climates [J]. IEEE Transactions on Components and Packaging Technologies，2004，27 (3)：602 - 607.

[199] WANG H W，XI W J. Acceleration factor constant principle and the application under ADT [J]. Quality and Reliability Engineering International，2016，32 (7)：2591 - 2600.

[200] WANG X，XU D. An Inverse Gaussian Process Model for Degradation Data [J]. Technometrics，2010，52 (2)：188 - 197.

[201] YE Z S，CHEN L P，TANG L C，et al. Accelerated degradation test planning using the inverse Gaussian process [J]. IEEE Transactions on Reliability，2014，63 (3)：750 - 763.

[202] ZHOU Y Q，WENG C X，YE X T. Study on accelerated factor and condition for constant failure mechanism [J]. Systems Engineering and Electronics，1996，18：55 - 67.

[203] YU H - F. Designing an accelerated degradation experiment with a reciprocal Weibull degradation rate [J]. Journal of Statistical Planning and Inference，2006，136 (1)：282 - 297.

[204] WANG Y，ZHANG C，ZHANG S，et al. Optimal design of constant stress accelerated degradation test plan with multiple stresses and multiple degradation measures [J]. Journal of Risk and Reliability，2014，229 (1)：83 - 93.

[205] 刘虹豆. 加速退化试验多关键性能参数相关性失效的产品可靠性评估模型 [D]. 成都：西南交通大学，2017.

[206] 王孟. 基于 Copula 函数的多元加速退化试验方法研究 [D]. 杭州：浙江理工大学，2013.

[207] 李文华，马思宁，沈培根，等. 振动条件下铁路继电器寿命预测研究 [J]. 电气工程学报，2017，12

(7)：8 - 15.

[208] 叶雪荣，林义刚，黄晓毅，等 . 航天继电器贮存过程吸合时间退化机理研究 [J]. 电工技术学报，2017，32 (11)：173 - 179.

[209] XIAO X，YE Z S. Optimal design for destructive degradation tests with random initial degradation values using the Wiener process [J]. IEEE Transactions on Reliability，2016，65 (3)：1327 - 1342.

[210] WANG X，BALAKRISHNAN N，GUO B. Residual life estimation based on a generalized Wiener degradation process [J]. Reliability Engineering & System Safety，2014，124：13 - 23.

[211] ZHANG X P，SHANG J Z，ZHANG C H，et al. Statistical inference of accelerated life testing with dependent competing failures based on copula theory [J]. IEEE Transactions on Reliability，2014，63 (3)：764 - 780.

[212] CHERNICK M R. Bootstrap methods：a guide for practitioners and researchers [M]. New York：John Wiley & Sons，2011.

[213] DICICCIO T J，EFRON B. Bootstrap confidence intervals [J]. Statistical Science，1996，11 (3)：189 - 212.

[214] 秦丽，于丽霞，石云波，等 . 高量程 MEMS 加速度计的热应力仿真与可靠性评估 [J]. 中国惯性技术学报，2015，23 (4)：555 - 560.

[215] 牛跃听，穆希辉，姜志保，等 . 自然贮存环境下某型加速度计贮存寿命评估 [J]. 中国惯性技术学报，2014，22 (4)：552 - 556.

[216] PHAM H T，YANG B S，NGUYEN T T. Machine Performance Degradation Assessment and Remaining Useful Life Prediction Using Proportional Hazard Model and SVM [J]. Mechanical Systems and Signal Processing，2012，32：959 - 970.

[217] 王小林，郭波，程志君 . 融合多源信息的维纳过程性能退化产品的可靠性评估 [J]. 电子学报，2012，40 (5)：977 - 982.

[218] YANG G. Life cycle reliability engineering [M]. NewYork：John Wiley & Sons，2007.

[219] RAZALI N M，WAH Y B. Power comparisons of Shapiro - Wilk，Kolmogorov - Smirnov，Lilliefors and Anderson - Darling tests [J]. Journal of Statistical Modeling and Analytics，2011，2 (1)：21 - 33.

[220] L E D，DREW J H，LEEMIS L M. The distribution of the Kolmogorov - Smirnov，Cramer - von Mises，and Anderson - Darling test statics for exponential populations with estimated parameters [J]. Communications in Statistics - Simulation and Computation，2008，37 (7)：1396 - 1421.

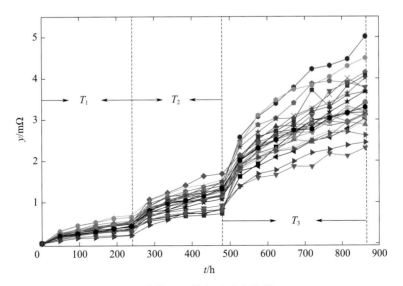

图 3 - 2　接触电阻的加速退化数据（P26）

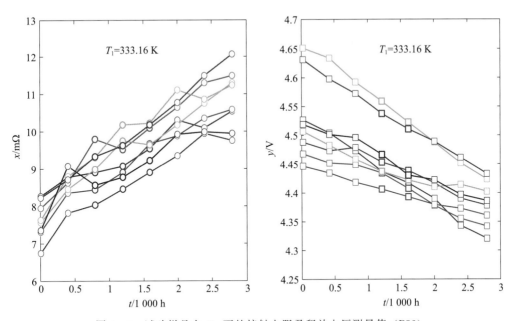

图 4 - 1　试验样品在 T_1 下的接触电阻及释放电压测量值（P52）

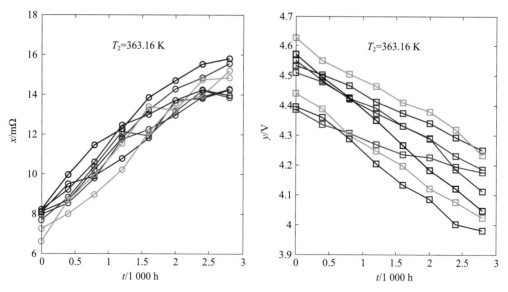

图 4-2　试验样品在 T_2 下的接触电阻及释放电压测量值（P52）

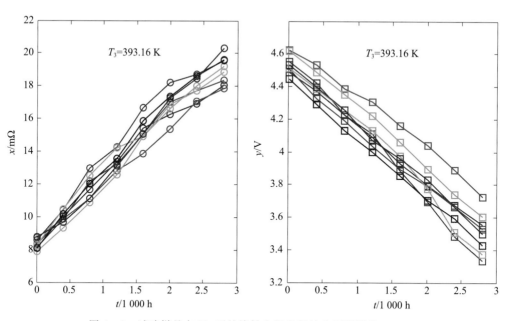

图 4-3　试验样品在 T_3 下的接触电阻及释放电压测量值（P53）

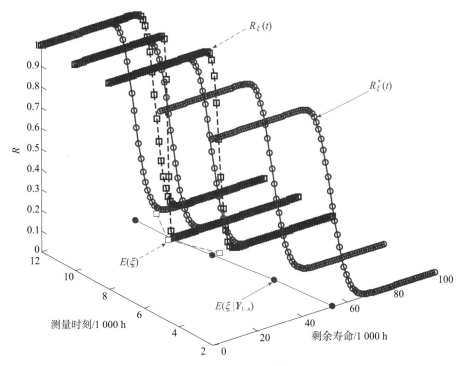

图 4-15　个体剩余寿命预测情况（P79）

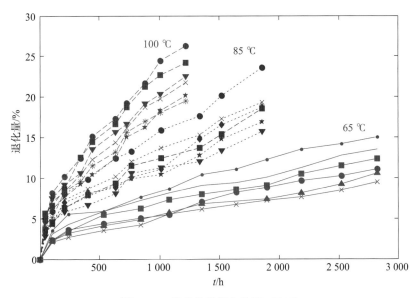

图 5-2　样品性能退化轨迹（P85）

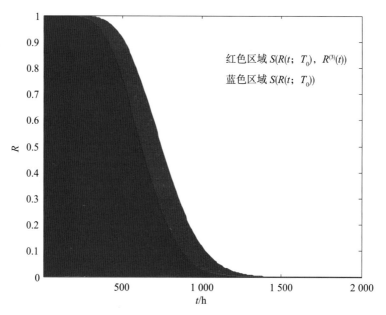

图 5 - 7　可靠度曲线划分的两个区域（P93）